hua

新手

阳台养花

艺美生活　编著

近百种人气花卉一养就活

中国轻工业出版社

图书在版编目（CIP）数据

新手阳台养花 / 艺美生活编著 . -- 北京 : 中国轻工业出版社，2021.4
ISBN 978-7-5184-3221-9

Ⅰ. ①新… Ⅱ. ①艺… Ⅲ. ①花卉—观赏园艺 Ⅳ. ① S68

中国版本图书馆 CIP 数据核字 (2020) 第 191381 号

责任编辑：郭　娇
策划编辑：段亚珍　　责任终审：张乃柬　　封面设计：锋尚设计
版式设计：艺美生活　　责任校对：晋　洁　　责任监印：张京华

出版发行：中国轻工业出版社（北京东长安街 6 号，邮编：100740）
印　　刷：北京博海升彩色印刷有限公司
经　　销：各地新华书店
版　　次：2021 年 4 月第 1 版第 1 次印刷
开　　本：710×1000　1/16　印张：13.5
字　　数：200 千字
书　　号：ISBN 978-7-5184-3221-9　定价：49.80 元
邮购电话：010-65241695
发行电话：010-85119835　传真：85113293
网　　址：http://www.chlip.com.cn
Email：club@chlip.com.cn
如发现图书残缺请与我社邮购联系调换
200441S5X101ZBW

目录

CONTENTS

1 阳台养花关键词

2 观叶植物 一场绿意盎然的视觉享受

3 观花植物 为悠闲生活增添无限色彩

4 多肉植物 奇特有趣的肉肉之旅

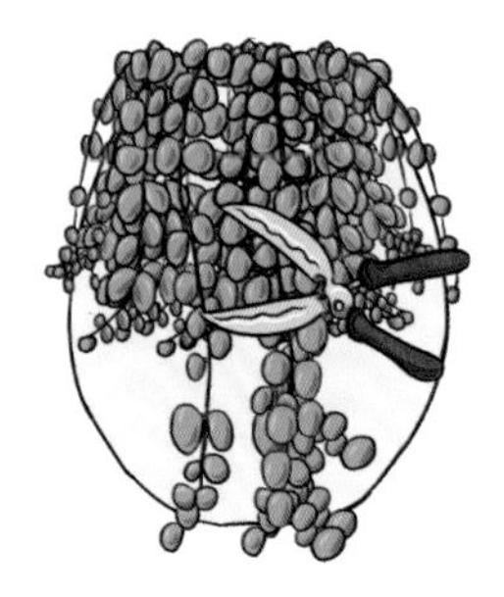

1

阳台养花关键词

土壤

选择花卉土壤的重要性

花卉能否健康生长与土壤是否优良有着至关重要的联系。除此之外，也要根据不同的花卉种类，对应“易排水”“易存水”等特点，选择相应的土壤进行种植。

土壤是花卉种植的关键因素，植物是通过根系部分吸收营养及水分的，优良的土壤能促进植物的根部充分发育。

土壤分为很多种，有园土、河沙、山泥、腐叶土等类型。在种植过程中，通常不会使用单一成分的土壤进行植物培育。单一成分的土壤排水性较差，很容易导致植物的根部腐烂。所以，对应培育的花卉类型，混合使用多种不同特性的土壤进行花卉培育是基础。

如果使用花盆等容器进行花卉培育，那么对于土壤的选择则更为重要，排水性、透气性、保肥能力等因素都需要列入考虑范围，所以在栽种前，最好先了解花卉的原产地，比如原产地在干旱的沙漠还是高温、高湿的热带雨林，这些对土壤的要求都是不一样的。

疏松、肥沃、排水良好的土壤

代表性土壤的种类：

1. 基本用土：混合土壤的基础。

2. 培养土：在园艺店中购买的培养土，方便且好用。对于移栽花卉的花盆种植，培养土相较于自己动手混合的各种土壤，更加经济、方便。市场上培养土种类繁多，根据容器的大小购买相应的用量即可。一般情况下花卉种植的培养土已经加入有机肥料，pH已调配到适合植物生长的范围，可直接用于种植花卉。如果使用的是不含有机肥料的培养土，要根据需求量添加有机肥料。

花卉种植所需的培养土

人工配制培养土的好处

家庭养花方法有地栽和盆栽两种。地栽可用常见的园土，实际生活中家庭养花多以盆栽为主，盆栽花草因花盆的容积有限，盆小土少，不像地栽花草可获得充足的养分，因此要使盆花成长优良，需要人工配制蓬松肥美、营养充足、有优良理化性状的培养土，即富含腐殖质、具有优良团粒构造、保肥功能好、蓄水能力强、透气性好的土，此类培养土浇水后不会板结，干燥时不会干裂，渗入性和排水性优良，酸碱度也相宜。

人工配制培养土的材料

园土：是常见的土壤，因为在平常耕作中施了肥，所以肥力较高、团粒构造好、保水性强，是配制培养土的首要原料。缺陷是干时表层易板结，湿时透气透水性差。根系纤弱的花草、幼苗不宜只使用园土。

园土

腐叶土：是将植物的叶子、杂草和适量过磷酸钙等掺入园土，分层堆积，然后再掺入水、人畜尿或淘米水，堆积发酵腐熟而成的土，是人工配制培养土时经常用到的一种材料，但它必须经暴晒至干且过筛后才能使用。

腐叶土

山泥：是山上植被下的表土，一种天然的腐叶土，由山林枯枝落叶和泥沙等堆积而成，其土质蓬松，呈酸性。多用来配制山茶、杜鹃等喜酸性花草的培养土。黄山泥和黑山泥相比，前者质地较黏，后者含腐殖质较多。

山泥

河沙：排水透气性好，掺入黏土中可改进土壤物理构造，增强土壤透气性，缺陷是毫无肥力，平常多作为配制造就土的透水材料，也可独自用作扦插或播种基质。

河沙

砻糠灰和草木灰：砻糠灰是稻壳在寡氧条件下烧成的灰，草木灰是稻草或其他杂草燃烧后剩下的灰，二者都富含钾，呈碱性，需堆积2～3个月，待碱性削弱后方可使用。掺入造就土中，可使土壤蓬松，排水优良，并增加钾含量，还能中和土壤酸性。

砻糠灰和草木灰

骨粉：把动物杂骨磨碎并发酵制成的肥粉，富含磷，每次掺入量需控制在总量的1%以内。

骨粉

人工配制培养土的要求和方法

配制培养土的要求：

1. 含有丰富的养分。
2. 质地蓬松且具优良的排水透气功能。
3. 有较强的保水保肥功能。
4. 干时不开裂，湿时不板结成团。
5. 酸碱度相宜。
6. 不含有毒物质和虫卵等有害物质。

配制好的培养土

以下是常见的各种用途及各类花草喜欢的培养土配置方法：

播种用培养土：腐叶土5份+园土3份+河沙2份；

扦插用培养土：只用河沙或河沙4份+园土1份；

小苗上盆用培养土：腐叶土3份+园土1份+河沙1份；

喜肥花草培养土：腐叶土5份+园土2份+干牛粪1份+河沙1份；如桂花、白兰、木槿、紫薇、绿巨人等。

草本观花花草培养土：腐叶土5份+园土2份+河沙2份；如百日草、石竹、福禄考、矮牵牛、鸡冠花等。

多年生观叶花草培养土：腐叶土2份+园土2份+河沙1份或塘泥4份+园土5份+火烧土1份；如吊兰、竹芋、吊竹梅、秋海棠、紫背万年青、春羽等。

木本花草培养土：腐叶土2份+园土3份+河沙1份；如九里香、鸳鸯茉莉、含笑等。

肉质多浆类花草培养土：腐叶土3份+园土2份+粗河沙3份+石灰(或草木灰)1份；如仙人掌、鸡蛋花、棒槌树、绿玉树、虎刺梅、石莲、玉树等。

无土栽培

无土栽培是一种根据植物生长所需要的无机盐的种类和数量的多少，将无机盐按照一定比例配成营养液，用营养液来培育植物的栽培方式。

无土栽培的方法

无土栽培的方法很多，目前常用的有水培、沙砾培、珍珠岩+泥炭培和锯末培等。

水培：是指将花卉根系连续或不连续浸入营养液中栽培的无土栽培方法。为了提高营养液中的含氧量，一般需要通气设施，多用于风信子、朱顶红、吊兰、黄水仙等。

水培植物

沙砾培：是指用直径大于3毫米且小于1厘米的小石子作为固定基质的无土栽培方法，多用于五彩芋、山茶、杜鹃、茉莉等。

沙砾培植物

珍珠岩+泥炭培：是指用珍珠岩与泥炭混合基质作为固定基质的无土栽培方法。应用也较为普遍，常用于仙客来、大岩桐、虹之玉、球根秋海棠等。

珍珠岩+泥炭培植物

锯末培：是指用中等粗度的锯末加适量谷壳混合基质作为固定基质的无土栽培方法，常配用滴灌系统提供水肥，多用来培育瓜叶菊、多花报春、天竺葵、君子兰、荷包花等。

锯末培植物

无土栽培的装置

无土栽培所需装置主要包括栽培容器、贮液容器、营养液输排管道和循环系统。

栽培容器：常见的有塑料钵、瓷钵、玻璃瓶、金属钵和瓦钵等，以容器壁不渗水为好。

栽培容器

贮液容器：包括营养液的配制和贮存容器，常用的有塑料桶、木桶、搪瓷桶和混凝土池，容器的大小要根据栽培规模而定。

营养液输排管道：一般采用塑料管和镀锌水管。

循环系统：主要由水泵来控制，将配制好的营养液从贮液容器抽出，经过营养液输排管道，进入栽培容器。

营养液输排管道

水分

水是植物生长必不可少的，花卉必须在适宜的空气温度和土壤湿度条件下才能正常生长。活的植物体重80%以上都是水，水也是绿色植物进行光合作用的重要原料之一。

各种植物对水分的需求状况

植物的一切生理活动，离开水都无法进行。而各种植物对水分的需求量也是不一样的。

水生植物：荷花、睡莲等花卉必须生长在水里，家庭培育可以在水缸或庭院小水池内。

湿生植物：海芋、广东万年青、水竹、龟背竹、马蹄莲、水仙等大多原产地气候较潮湿，如热带雨林里或溪边、湖边，需要较高的土壤温度和空气湿度，极不耐旱，在养护时应掌握宁湿毋干的浇水原则。

水生植物

半耐旱植物：叶片呈革质或蜡质状，或叶片上有大量茸毛，或是片状枝叶的植物，如松、柏等，应掌握干透浇透的原则。

耐旱植物：原产于沙漠及半沙漠地区的仙人掌和多肉类花卉，它们的茎能够贮藏大量水分，在干旱时仍能继续生长。但不抗涝，水多了易因烂根、烂茎而死亡，应掌握宁干毋湿的浇水原则。

耐旱植物

中生植物：大部分露地花卉如茉莉、石榴、月季、苏铁等，对土壤和水分的要求介于湿生花卉和耐旱花卉之间，养护时应保持土壤水分在60％左右，见干见湿。

中生植物

如何判断植物缺水

浇水是植物管理中一项很普通、很基本的工作，是一项看似简单，其实是很难掌握、很严格的工作。如果不给植物浇水，植物会枯死。但浇水太多和缺水一样也会对植物造成伤害。给植物浇适量水就像让其健康饮食一样，凡事都应适度。

判断植物缺水的方法

1. 用手指轻轻地敲击花盆中部的盆壁，若敲击声音清脆，说明花盆中的土已经很干了，需要马上浇水；若声音沉闷，说明花盆中的土比较潮湿，不需要立即浇水。

2. 用眼睛看花盆表面土的颜色是否发生变化，若土的颜色比较浅或呈灰白色，说明花盆中的土需要浇水了。若土颜色变深或呈褐色时，说明花盆中的土是潮湿的，不需要立即浇水。

3. 将手指插入花盆的土中约两厘米深，摸一下土壤，若土壤比较干燥或坚硬，说明需要立即浇水了。若感觉花盆中的土比较湿润，就不用立即浇水。

4. 用手指捏捻花盆中的土壤，如果捏捻的土壤呈粉末状，说明花盆中的土缺水，需要马上浇水。如果捏捻的土壤呈团粒状，说明花盆中的土很湿润，不需要立即浇水。

注意事项

盆土不是太干就不会影响植物的生长。但是在夏季，浇水不足会造成盆土表层温度低、盆土底层温度高的状况，极易引起烂根。因此，遇此情况必须浇足水，使盆土充分降温，达到保护根系的目的。

但浇水不能过勤。过勤则盆土太湿，土壤内的空气被排斥出，长期得不到补充，造成根部因缺氧而腐烂，进而影响吸水，长期如此恶性循环，盆栽植物必死无疑。如已有烂根现象，最好将烂根剪去，并强修枝叶后重新种植，经细心养护可有望复原。

浇水步骤及方法

“发现土壤表面出现干燥现象，需要充分补水”，这是浇水的基本原则。其次，还需要观察土壤的状况，依据各种植物的不同属性进行适量浇水。

浇水的基本原则

在给植株浇水时，除了向植物的根部输送水分外，还排出了土壤中的二氧化碳，达到输送新鲜氧气的目的。所以，需要给植株补充充足的水分，使水分顺势流淌，从花盆底部的排水孔中流出。需要注意的是，如果每天补充少量水分，土壤中的空气就会被排出，导致植株根系长期处在潮湿的土壤中而最终腐烂。因此，要根据不同植物对水分的要求进行浇水。

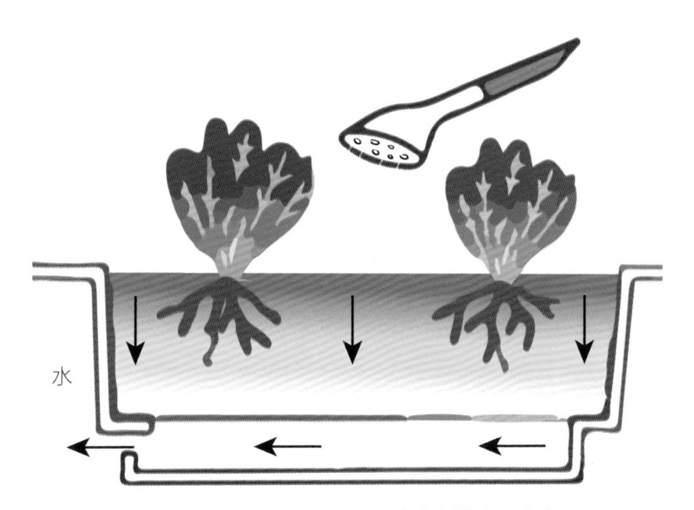

给植株充分浇水直至有水从花盆底部排水孔流出

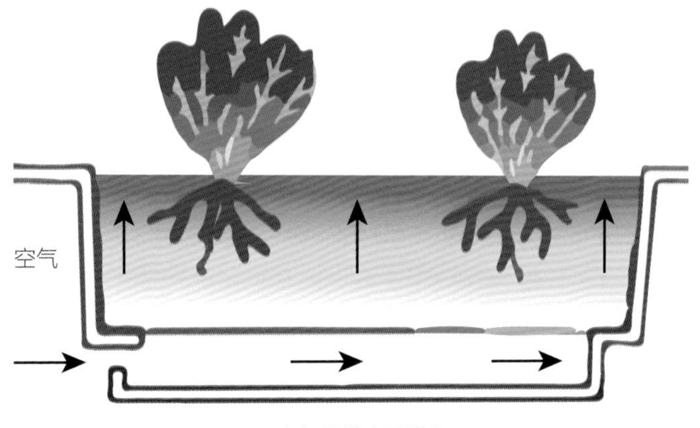

空气从排水孔进入

将洒水壶的洒水口朝下，使之呈淋浴状浇水。
用水壶向植株根部浇水，而不是植株叶面，以便对整个花盆的土壤进行充分补水。

四季浇水要点

春季：植物生长的季节，水分吸收快。若发现土壤表面出现干裂，需要在傍晚进行浇水。浇水时可适量添加液肥。

夏季：植物生长旺盛的季节，且土壤易干燥，需充分补水。若发现土壤过于干燥，可在每天早晚各浇水一次。切忌中午浇水，以免导致植物枯萎。

秋季：天气逐渐转凉，需要提高植物的抵抗力，可以减少植物补水量。但是，急剧减少补水量会导致植物生长压力增加，因此可以选择逐次减少补水量。

冬季：天气寒冷，可以选择在上午天气温暖时进行补水，以免发生冻害。但是很多草本植物会在冬季停止生长，因此要控制浇水。

植物生长期间的浇水

温度

一年生花卉种子的萌发可在较高温度下进行，幼苗期间要求温度略低，开花结实阶段对温度要求逐渐升高；二年生花卉种子萌发时要求较低温度，并必须在一定低温下才能完成春化作用。

昼夜温差

昼夜温差较大时，有利于花卉的生长发育。
热带植物：昼夜温差为3～6℃。
温带植物：昼夜温差为5～7℃。
沙漠地区原产的植物：如仙人掌类，昼夜温差为10℃以上。
当然，昼夜温差也有一定的范围，并非越大越好，否则对生长也不利。

温度与花芽分化

在高温下进行花芽分化的花卉种类，如山茶花等，会于4～5月气温高至25℃以上时进行分化。

在低温下进行花芽分化的花卉种类，如雏菊等许多原产温带中北部的高山花卉，其花芽分化多要求在20℃以下较凉爽的气候条件下进行。

花芽分化

温度与花色

有的花卉随温度的升高和光线的减弱，花色会变浅，如落地生根属、蟹爪兰属等。月季的花色在低温下呈深红色，在高温下呈白色。

低温对花卉的影响：低温可使花卉的生理活动停止，甚至导致死亡。
花卉发育的不同时期的抗寒性：休眠的种子可以忍耐零下极低的温度；生长中的植物体耐寒力很弱，但秋季和初冬的冷凉气候，可以锻炼植物忍受较低温度的能力。

低温下的月季花

高温下的月季花

高温对花卉的影响：高温会使植物的生长速度减慢，严重时甚至会引起植物体失水，导致原生质脱水、蛋白质凝固，直至植株死亡。
花卉的耐热性：一般花卉在35～40℃时生长缓慢，50℃以上时除热带干旱地区的多浆植物外，绝大多数花卉种类的植株都会死亡。

对温度需求不同的花卉

根据耐寒能力，将花卉分成不耐寒花卉和耐寒花卉两类：
1. 不耐寒花卉：又称温室花卉，在生长期要求较高的温度，不能忍受0℃以下的低温。其又可分为高温温室花卉、中温温室花卉和低温温室花卉三种。
①高温温室花卉多原产于热带，生长期要求温度在15℃以上，也可高达30℃左右。如竹蕉、热带兰类、食虫草等。
②中温温室花卉，多原产于亚热带，生长期要求温度在8～15℃。如仙客来、鹤望兰等。
③低温温室花卉：原产温带南部，生长期要求温度在5～8℃，如小苍兰类、报春类、倒挂金钟等。

热带植物食虫草

亚热带植物仙客来

温带植物倒挂金钟

2. 耐寒花卉：在我国寒冷地区能露地越冬、耐0℃左右温度的植物。主要有一年、二年或多年生草本花卉，如三色堇、诸葛菜、金鱼草等，和北方地区的多数宿根花卉，如菊花、金光菊、玉簪等。

二年或多年生草本花卉三色堇

宿根花卉菊花

肥料

植物生长必需碳、氢、氧、氮、磷、钾、钙、镁、硫、铁、锰、锌、铜、钼、镍、硼、氯等17种元素，其中碳、氢、氧从空气和水中获得，其余的元素从土壤和肥料中获得。

常用肥料

盆栽观赏性植物在上盆时一般需要施以基肥，基肥以有机肥料为主。生长期还要再追肥，以保证植物的正常生长。下面介绍几种常用的肥料。

饼肥

饼肥：饼肥是油料的种子经榨油后剩下的残渣，这些残渣可直接用作肥料，是含氮量比较多的有机肥料。

人粪尿

人粪尿：人粪尿同家畜和家禽的粪便等都属于农家肥料，在腐熟过程中常掺土堆积而成土粪。具有来源广、养分全、肥效较快而持久、能够改良土壤和成本低等优点，可用作基肥与追肥。

药渣

药渣：药渣是指用中药煎煮后的剩渣做成的肥料。药渣的使用，需要先将其装入容器中，再加园土和水沤上一段时间，等变成腐殖质以后再掺到土壤中，可用作基肥，也可加水做成液肥。

盆栽花卉的追肥法

球根、肉质类花卉追肥：球根和肉质茎可储存养分，且根系较少，其追肥量可按正常量减半。由于它们对氮、钾、钙要求较高，使用配方液肥时常以硝酸钾、硝酸钙为主配合用。

须根类花卉追肥：此类花卉要求栽种在疏松的介质中，如西洋杜鹃、观赏凤梨等。追肥要求少量多次，追肥量为正常量的$\frac{1}{5}$~$\frac{1}{4}$，即每盆每次施复合肥15～30粒即可。

大叶类阴生观叶花卉追肥：此类花卉生长迅速，根系发达，需肥量大，如天南星科的万年青等。追肥量除按正常量每月两次、每次施复合肥100～120粒外，可另加喷配方液肥5～8次。

盆景追肥：盆景施肥的特点是数量要少、肥效要长。一般用缓效有机肥如骨粉、饼肥等为主体，加入缓慢释放的脲甲醛、磷矿粉等，以及少量速效肥配制而成。如无现成的盆景专用肥，可将市售花肥漉入橄榄油或用塑膜包裹液处理后，浅埋于盆边基质下即可。大面积培育的盆景可采用配方液肥喷淋法，每3～5天喷淋一次，相间喷水洗一次便可。

肥料的种类及功用

氮肥：能促使枝叶繁茂，提高着花率。常见的氮肥有人粪尿、硫酸铵等。

磷肥：能使植物花色鲜艳，果实饱满。常见的磷肥有米糠、鱼鳞、骨粉、鸡粪、过磷酸钙等。

钾肥：能使根系健壮，增强花卉对病虫害和寒、热的抵抗力，还能增加花卉的香味。常见的钾肥有稻草灰、草木灰、硫酸钾等。

光照

光照是植物生长的基础，植物只有在光的照射下才能进行光合作用，生成植物生长所需的各种有机物。光照对于植物，就像空气对于人类一样，具有十分重要的作用。植物本身并没有感觉温度变化的器官,但是通过阳光传递的信号,植物也能够感知季节的变化,相应调节生长和开花的节奏。

光照的强度影响着植物的生长发育，在植物的开花或结果期，如果光照太弱，会导致发育中途停止、落果；但如果光照太强，又会造成植物叶子干枯，发生黄化现象。根据植物与光照强度的关系，可以将其分成阴生植物、耐阴植物和阳生植物三类。

阴生植物：阴生植物是指在弱光下亦能生长良好的植物，它们多在潮湿背阴的地方生长良好。这种植物的光合速率、呼吸速率、光补偿点和饱和点均较低，如铁线蕨、波士顿蕨、常春藤、鹿角蕨、连钱草等。

耐阴植物：耐阴植物是指在光照下生长良好的植物，它们也能够忍耐适度的遮阴。这种植物适应环境的能力很强，适合家庭栽培，如云杉、桔梗、龟背竹、绿萝、常春藤、鸢尾、三叶草等。

阳生植物：阳生植物指喜光植物，这种植物在强光的照射下才能健壮生长，如果没有光照，或光线较弱，或环境荫蔽，就会发生生长不良的现象，一般开花植物多属于阳性植物，如玫瑰、茉莉、梅花、牡丹、芍药、菊花等。

常春藤

绿萝

芍药

修剪整形

合理的修剪整形，能够调节植物生长的营养和发育之间的平衡。修剪之后，枝杈数量减少，可以使营养更集中，促使新枝生长，开花结果。

花卉植物如何修剪整形

不同类型的花卉植物，修剪的时间亦有所不同，这就需要我们掌握不同花木开花的习性，合理修剪。

休眠期修剪的植物：很多植物往往在天气寒冷的冬季进入休眠期，所以它们的修剪亦在此期间或在早春树芽即将萌发时进行。如在当年生枝条上开花的多年生木本花卉扶桑、石榴、月季等，就要在休眠期修剪，以促使新枝生长开花。

生长期修剪的植物：生长期修剪多在夏季，在植物生长或开花之后进行，以摘心、摘叶、剪梢或剪除病枝、枯枝、徒长枝为主，具体修剪时要根据花木的长势和栽培要求适时进行。如藤本花木要把密生枝、病虫枝以及过老枝剪去，而杜鹃、茶花等需要在保持整体美观的前提下，酌量剪除部分顶端枝条即可。

休眠期修剪植物石榴

生长期修剪植物杜鹃

修剪的程序有哪些

观：首先要观察植物的整体结构是否合理，主体与侧枝的生长发育是否均衡、协调，然后再确定植物的修剪方向。

截：开始进行修剪时，先把有病虫危害、影响植物生长发育、破坏整体结构的多年生大枝剪去，再对主体枝进行锯截，确定整体造型。

修：植物的基本结构形态符合要求后，再对各个主侧枝进行具体修剪，遵循留壮不留弱、留外不留内的原则，运用截枝、疏枝等技术，使植物的整体形态更加完善。

补：修剪基本完成后，对整个植物进行认真复查，对错剪、漏剪的地方给予修正或补剪，甚至可以对比周围的植物，增加整体空间效果的协调性。

繁殖

花卉常用的繁殖方法有扦插、播种、分株、压条和嫁接等，具体还要结合花卉的特点、成活率等因素来决定采用哪种方法。一般情况下，一年生、二年生的草本植物多使用播种法，多年生草本和木本植物常使用扦插、分株、压条和嫁接法。

扦插繁殖

选择在花卉的最佳成活期，剪取生长健壮的枝、芽、根进行扦插，以提高花卉的成活率。根据植物生长习性的差异，有的适合春、秋季扦插，如秋海棠、虎斑木等；有的适合夏、冬季扦插，如月季、吊兰等宜在夏天扦插，梅花、木芙蓉等宜在冬季低温环境下扦插。一般步骤如下：

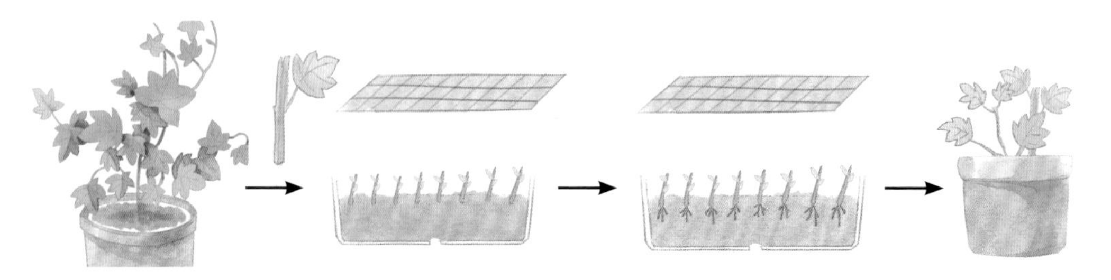

1. 剪取植株健壮枝条，作为插穗。去除下部叶片，可在插穗切口上涂抹生长促进剂，如生根粉、吲哚乙酸等，提高成活率。

2. 将插穗插入事先准备好的沙床中，插入深度可因植物而异。插入之后，浇足水，置于凉棚或半阴处，勤喷雾，等待生根。

3. 插穗在沙床上生根。

4. 当根长到3～5厘米时即可上盆定植。

播种繁殖

家养花卉，可以自行采种进行繁殖，即在种子成熟的季节，及时采摘发育健康、成熟的种子，进行播种繁殖。播种的时间多在春季和秋季，春季宜在2～4月播种，秋季宜在8～10月播种，也可以自行调节室内温、湿度，为花卉种子育苗。播种一般步骤如下：

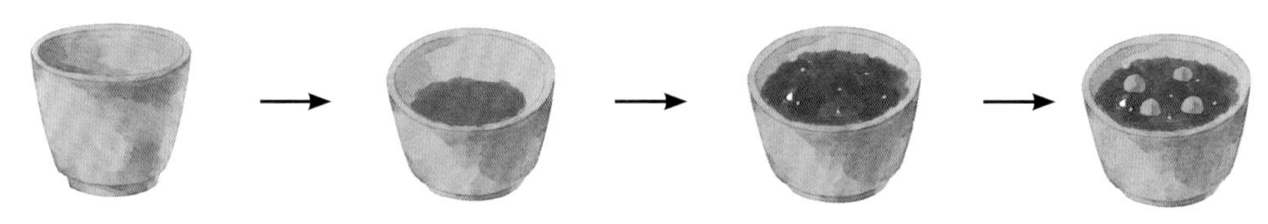

1. 准备适合植株的花盆。

2. 铺上易于花盆排水的物质，如细卵石、木屑、树皮、碎瓦片等，再铺上培养土。

3. 播种，将种子均匀撒入土中，播种密度因花盆和种子大小而异。

4. 覆土，有些植物种子播后需要覆土，有些则不需要，轻压一下即可，如洋桔梗、矮牵牛等。

分株繁殖

分株繁殖是把植株的蘖芽、球茎、根茎、匍匐茎等，从母株上分割下来，另行栽植而成独立新株的方法。方法步骤如下：

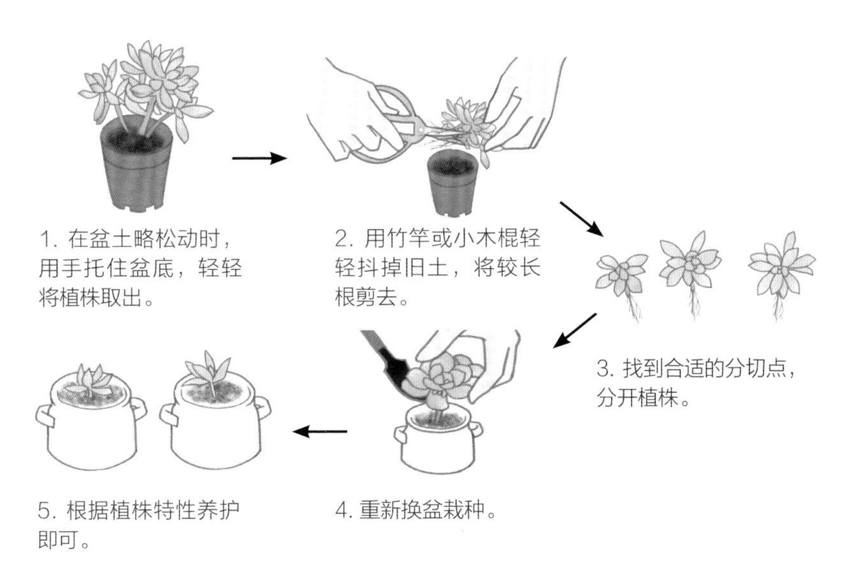

压条繁殖

压条法分普通压条和空中压条。

普通压条：**普通压条又分盆中直接压条和地上压条。**

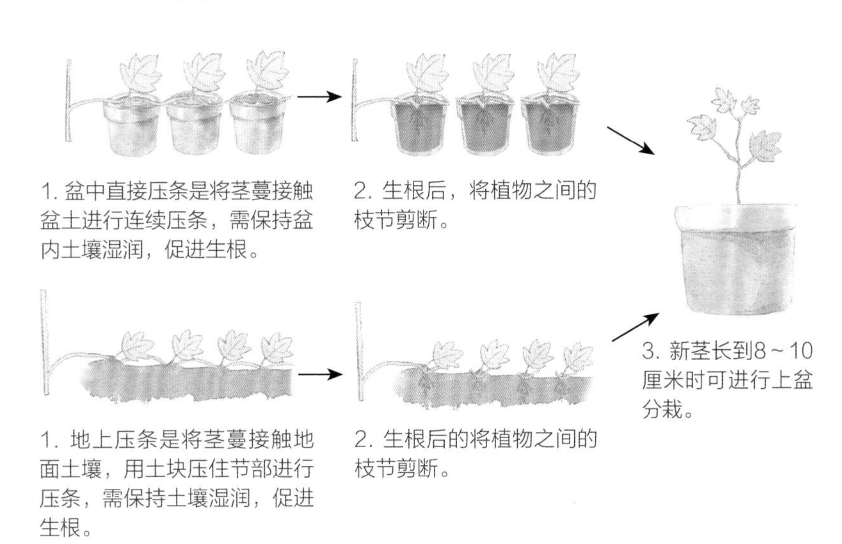

空中压条：**划伤树枝或树干的一部分，令植株从划伤处长出新芽，从而栽植出新植株。空中压条方法如下：**

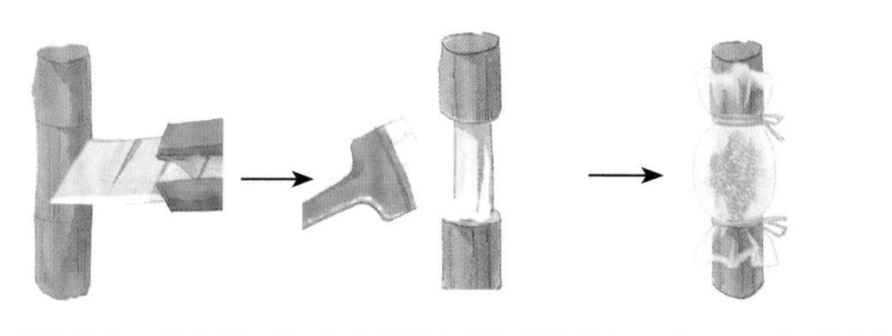

1. 在选定的枝条上剥去约1厘米宽的环带状皮。

2. 有条件可在环割部位涂抹一些有促进生根作用的植物生长物质，如生根粉、吲哚乙酸等。

3. 用塑料袋套住环割部位，先将下端扎紧。在塑料袋中装入湿苔藓或泥炭土等，再扎紧上端。

5. 将压条盆栽，成为新株。

4. 2~3个月之后，透过塑料袋可见生根，此时沿着根的下端切去压条。

嫁接繁殖

嫁接繁殖就是将一种花卉植物的枝或芽，嫁接到另一种花卉植物的茎或根上，多用于木本花卉如月季、梅花、桂花、山茶等。一般步骤如下：

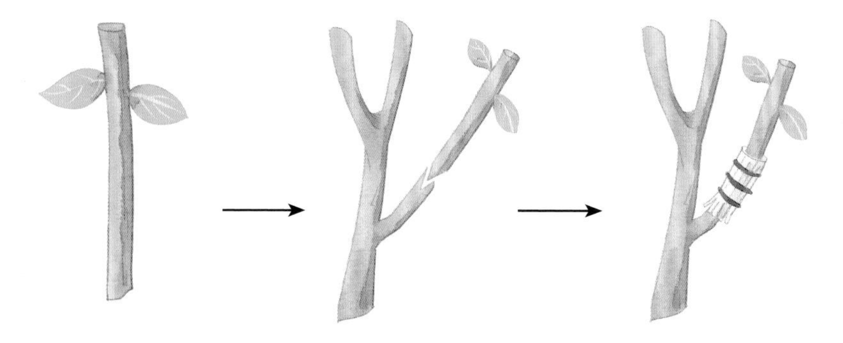

1. 选取接穗。

2. 将接穗接口削成楔形，然后插入砧木削口内，要紧密结合在一起。

3. 围绕砧木和接穗接口处裹上一层防水材料，防止雨水冲刷，然后用绳子绑住即可。

观叶植物

一场绿意盎然的视觉享受

科 / 天南星科

属 / 麒麟叶属

别名 / 魔鬼藤、竹叶禾子

绿萝

栽培日历

月	1月	2月	3月	4月	5月	6月	7月	8月	9月	10月	11月	12月
日照	隔玻璃				阳光散射						隔玻璃	
浇水	保持盆土湿润											
施肥		每隔10天左右施肥一次			根据生长情况增加或减少施肥							
繁殖	扦插											

形态特征

绿萝为大型常绿藤本植物，麒麟叶属；藤长数米，节间有气根，随生长年龄的增加，茎增粗，叶片亦越来越大；叶子形状不一，绿色，少数叶片会略带黄斑。

栽培要求

土壤 绿萝喜疏松、肥沃、排水性好的腐叶土，以偏酸性为好。

水分 绿萝对水分需求比较大，要一直保持土壤湿润。

温度 绿萝的生长适温为白天20～28℃，晚上15～18℃。冬季只要室内温度不低于10℃，绿萝即能安全越冬，如温度低于5℃，易造成黄叶、落叶，影响生长。

放置场所 绿萝一般放在室内阳光散射、通风较好的地方，而且其缠绕性强，气根发达，既可让其攀附于用棕扎成的圆柱上，摆于门厅、宾馆，也可培养成悬垂状置于阳台、窗台，是一种较适合室内摆放的绿植。

栽植 绿萝以疏松、富含有机质的微酸性或中性腐叶土为基质栽培，生长旺季结合浇水每两个月左右施一次液肥。

绿萝放在书房

绿萝放在客厅

日常管理

步骤1

步骤2

步骤3

浇水　水培绿萝需要一个月浇一次大水，然后可以每天擦拭叶子保证鲜活。另外，还应向棕柱的气生根生长处喷水，以减少因蒸发过快引起的根部吸水不足。

施肥　绿萝施肥以氮肥为主、钾肥为辅，春季生长期到来前，每隔10天左右施硫酸铵或尿素溶液一次。其他时间根据绿萝的生长情况适当增加或减少施肥，冬季应停止施肥。

修剪方法　绿萝的整形修剪在春季进行。当茎蔓爬满棕柱、梢端超出棕柱20厘米左右时，剪去其中2～3株的茎梢。待短截后萌发出新芽新叶时，再剪去其余株的茎梢。

繁殖　绿萝多用扦插法繁殖。选取健壮的绿萝藤，剪去下叶，余下大叶剪去一半，插入素沙或煤渣中，深度为插穗的⅓，淋足水放置于荫蔽处，喷施新高脂膜保湿，提高成活率。

病虫防治　绿萝常见的病害有叶斑病、根腐病、炭疽病等，防治措施是清除病叶、注意通风；发病期可以喷施多菌灵、代森锰锌、托布津、炭特灵可湿性粉剂等，可以根据不同的病症选择不同的药剂，有的可灌根。（提示：本书所提到的药剂的用量和用法要根据实际情况参见产品说明书，所有药剂请妥善放置，防止儿童误触误食。）

种植步骤

1. 选择粗壮的枝条。
2. 剪去多余的枝叶。
3. 插入准备好的基质中。

POINT　养花小窍门

绿萝可以水插繁殖吗?

水插法是绿萝的重要繁殖方式之一，比土壤扦插更加简单、方便。具体的操作步骤如下：剪取20～30厘米的健壮枝条，直接插在盛有清水的瓶中，每2～3天换一次水，半个月即可生根成活。

科 / 棕榈科

属 / 散尾葵属

别名 / 紫葵、黄椰子

散尾葵

栽培日历

月	1月	2月	3月	4月	5月	6月	7月	8月	9月	10月	11月	12月
日照	隔薄料窗帘				避免阳光直射					隔薄料窗帘		
浇水	保持盆土干燥			保持土壤湿润						保持盆土干燥		
施肥					每两个月施一次复合肥							
繁殖			结合换盆进行分株繁殖									

形态特征

散尾葵为丛生常绿灌木或小乔木，茎干光滑，黄绿色，无毛刺，嫩时披蜡粉，茎干基部有环纹；羽状复叶，全裂、扩展、拱形，羽叶披针形，先端渐尖，柔软；果实稍呈陀螺形或倒卵形，一开始为土黄色然后渐变为紫黑色。

栽培要求

土壤 散尾葵喜排水良好、疏松、肥沃的土壤。

水分 散尾葵生长期必须保持盆土湿润和植株周围的空气湿度。

温度 散尾葵越冬期室温白天23～25℃，夜间维持15℃左右，至少需保持8℃，耐寒性不强，气温20℃以下叶子发黄，若长时间低于5℃就会冻死。

放置场所 散尾葵可置于半阴且通风良好的环境中，用于盆栽，是布置客厅、餐厅、会议室、书房、卧室或阳台的高档盆栽观叶植物。在明亮的室内可以较长时间摆放观赏；在较阴暗的房间也可连续观赏4～6周。

栽植 散尾葵栽植可用腐叶土、泥炭土加1/3河沙及部分基肥配制成培养土。盆栽时要栽得稍深些，以使新芽更好地扎根。

散尾葵放在客厅

POINT 绿植小百科

散尾葵的绿饰应用有哪些?

散尾葵是华丽风格的最佳搭档，它拥有华美秀丽的外表和耐阴的优秀内涵。在洛可可风格的建筑里，散尾葵是作为首席绿色植物出现的；而美式风格和法式风格的最佳搭档也非散尾葵莫属，它透出的那种慵懒的气息，与繁丽的美式和法式风格装饰搭配得完美无瑕，而且在家中摆放散尾葵，还能够有效去除空气中的苯、三氯乙烯、甲醛等有挥发性的有害物质。另外散尾葵还具有蒸发水汽的功能，特别是冬季，室内湿度较低时，能有效提高室内湿度。

日常管理

浇水　散尾葵生长期间，应每天向叶面及周围环境喷水3～4次，以提高空气湿度，天气转冷进入休眠后应停止浇水。

施肥　散尾葵生长旺盛期肥水管理按照“花宝-清水-花宝-清水”的顺序循环，间隔周期为3天左右，晴天或高温期间隔周期短些，阴雨天或低温期间隔周期长些或者不浇。5～10月份，每两个月施一次复合肥。

修剪方法　散尾葵一般在冬季进行修剪，在冬季植株进入休眠或半休眠期时，把瘦弱、病虫害、枯死、过密等的枝条剪掉即可。

繁殖　散尾葵可用播种和分株繁殖，但播种繁殖所用种子不易采集到。一般盆栽多用分株繁殖，结合换盆进行。选基部分蘖多的植株，每丛不宜太小，要有2～3株，并保留好根系；初定植的植株，因根系尚未发育好，应避免在强光下长时间照射。

病虫防治　散尾葵易发叶枯病、根腐病等，要加强疫病检查，不引进带病植株；加强通风，发病期避免雨淋和喷淋；及时将受害枝叶剪除，阻止继续侵染，修剪后可以在伤口处涂抹一些药膏；如有病害发生也可用甲基托布津、百菌清液喷洒。

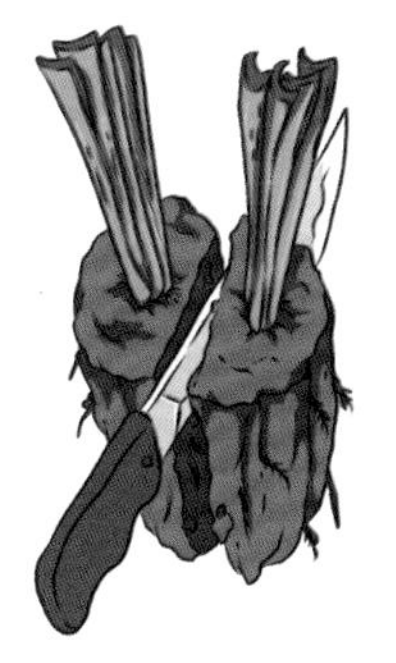

步骤1

步骤2

步骤3

步骤4

种植步骤

1. 取出植株，将根盘分成两半。
2. 剪除伤根，抖落旧土。
3. 移入新盆，加入新土。
4. 定根浇水。

科 / 棕榈科

属 / 竹棕属

别名 / 袖珍棕、袖珍葵、矮棕

袖珍椰子

栽培日历

月	1月	2月	3月	4月	5月	6月	7月	8月	9月	10月	11月	12月
日照	阳光散射的半阴环境（1—12月）											
浇水	保持盆土湿润（1—12月）											
施肥		每个月施肥两次（2—3月）		每个月施肥一次（4—8月）								
繁殖			分株（3—5月）									

形态特征

袖珍椰子为常绿灌木，植株普遍较矮小，茎呈圆柱状直立生长，叶片为羽状复叶，叶面为绿色。

日常管理

温度 袖珍椰子喜温暖，不耐寒，生长适温为20～30℃。

光照 袖珍椰子喜欢半阴的环境，夏季忌烈日暴晒。

浇水 袖珍椰子浇水应注意保持盆土始终湿润，夏季需要注意天气变化，及时清理积水，忌盆土过湿。

施肥 袖珍椰子生长期前期可以每个月施肥两次，生长旺期施麸饼水和复合肥，每个月一次。

科 / 天南星科

属 / 苞叶芋属

别名 / 白掌、银苞芋

绿巨人

栽培日历

月	1月	2月	3月	4月	5月	6月	7月	8月	9月	10月	11月	12月
日照	阳光散射的半阴环境											
浇水	保持土壤湿润不积水											
施肥					每半个月施肥一次							
繁殖			分株									

形态特征

绿巨人为多年生常绿草本植物，植株根茎较短，叶片呈椭圆形，花序直立生长，花色为白色或黄色。

日常管理

温度 绿巨人喜温暖，生长适温为22～ 28℃，冬季不低于8℃。

光照 绿巨人喜半阴的环境。

浇水 绿巨人生长旺期浇水要充足，保持土壤湿润不积水。夏季需要提高空气湿度，可以时不时喷雾或向地面洒水。

施肥 绿巨人生长期每半个月施一次稀薄的饼肥水，长期在室内养护的可以施复合肥，配合磷钾肥，使植株叶色及花色更加鲜艳。

科 / 百合科

属 / 蜘蛛抱蛋属

别名 / 大叶万年青、竹叶盘

一叶兰

栽培日历

月	1月	2月	3月	4月	5月	6月	7月	8月	9月	10月	11月	12月
日照	适量光照隔玻璃			如放室内，每隔一段时间需移至光线明亮处							适量光照隔玻璃	
浇水	干了再浇			保持土壤湿润							干了再浇	
施肥				每个月施两次腐熟的液肥								
繁殖			分株									

形态特征

一叶兰为多年生常绿宿根草本植物，圆柱形根状茎；叶片稍长、单生，呈披针形至近椭圆形，先端渐尖，基部楔形，边缘有少许皱波状，两面绿色，有些品种有黄、白色条纹或淡黄色斑点。

栽培要求

土壤 一叶兰耐土壤瘠薄，但在疏松肥沃、排水良好的土壤中生长良好。

水分 一叶兰浇水要适量，生长期保持土壤湿润即可。

温度 生长适温为15～25℃。冬季气温下降时要将盆栽移入室内。

放置场所 一叶兰可以放置在客厅中或书房书架上。因其耐阴，所以即使摆放在阴暗的室内也可维持其绿叶观赏性。不过最好每隔一段时间就将其移到阳台、窗台等有明亮光线的地方，适当接受光照，养护一段时间，这样会有利于新叶的萌发和生长。

栽植 一叶兰盆土多用腐叶土、园土和河沙等量混合制成。每隔1～2年要进行一次换盆。换盆时可放入少量碎骨片或饼肥末为基肥，栽植后放于阴凉处，浇一次定根水即可。

一叶兰放在客厅

POINT 绿植小百科

一叶兰的绿饰应用有哪些？

一叶兰叶色浓绿光亮，叶形挺拔整齐、姿态优美，给人一种淡雅的感觉；同时它耐阴，适应性强，是优良的喜阴观叶植物。而且它还能吸收空气中的灰尘、甲醛、硫化氢等有害气体，是室内装饰、净化空气的好选择。

日常管理

步骤1

步骤2

浇水 一叶兰在春秋生长旺季要充分浇水，使盆土经常保持湿润，并用清水喷洒叶面，以保持空气湿润和叶片清洁光亮；夏季空气干燥时，要经常向叶面喷水增湿；秋末天气变凉后，要减少浇水，干了再浇。

施肥 一叶兰生长旺季可每个月施两次腐熟的液肥；冬季停止追施肥料。

修剪方法 一叶兰要经常剪去外围的枯黄叶，以便植株抽长新叶。

繁殖 一叶兰一般采用分株繁殖。当春季气温回升时，可在新芽萌发之前结合换盆进行分株。将根茎连同叶片切为数丛，使每丛带4～6片叶即可，然后分别上盆种植，置于半阴环境下养护。

病虫防治 一叶兰易患基腐病，平时应注意合理的肥水管理，以增强植株的抗病力，还需定期使用药剂防治，可喷施百菌清或多菌灵。

种植步骤

1. 取出母株。
2. 去掉多余的盆土。
3. 切开状茎。
4. 新株上盆定植。

步骤3

步骤4

POINT 绿植小百科

一叶兰可以治病吗，具体功效有哪些?

一叶兰又叫蜘蛛抱蛋、大通草、竹节伸筋、赶山鞭等，是一味常见的中药，可采取根状茎入药，晒干或鲜用，主要作用是活血化瘀，煎服可用于肺虚咳嗽、咯血，外用则可治疗跌打损伤、风湿筋骨痛、腰痛等症。

科 / 龙舌兰科

属 / 龙血树属

别名 / 万寿竹、开运竹、富贵塔

富贵竹

栽培日历

<table>
<tr><th>月</th><th>1月</th><th>2月</th><th>3月</th><th>4月</th><th>5月</th><th>6月</th><th>7月</th><th>8月</th><th>9月</th><th>10月</th><th>11月</th><th>12月</th></tr>
<tr><td>日照</td><td colspan="12">散射光下的半阴环境</td></tr>
<tr><td>浇水</td><td colspan="12">使土壤保持在湿润的状态</td></tr>
<tr><td>施肥</td><td></td><td></td><td></td><td colspan="7">每个月施肥一次</td><td></td><td></td></tr>
<tr><td>繁殖</td><td colspan="4">扦插</td><td></td><td></td><td></td><td></td><td></td><td></td><td></td><td></td></tr>
</table>

形态特征

富贵竹为多年生常绿草本植物，茎干直立生长，茎节像竹子，叶片呈狭长披针形，叶色翠绿有光泽。

日常管理

温度 富贵竹喜温暖，也较抗寒，生长适温为20～28℃。

光照 富贵竹喜半阴的环境，光照过强、暴晒会引起植物叶片变黄、褪绿、生长慢等现象。

浇水 富贵竹浇水时可以适当多浇些，使土壤保持在湿润的状态，即使过湿也没关系。

施肥 富贵竹在生长期可以每个月施肥一次，以磷钾肥为主。

科 / 百合科

属 / 吊兰属

别名 / 桂兰、葡萄兰、钓兰

吊兰

栽培日历

月	1月	2月	3月	4月	5月	6月	7月	8月	9月	10月	11月	12月
日照	阳光散射的半阴环境											
浇水	控制浇水使土壤偏干			适量浇水保持盆土湿润							控制浇水使土壤偏干	
施肥					每个月施2～3次腐熟的稀薄液肥							
繁殖			扦插、分株									

形态特征

吊兰为多年生草本植物，根茎较短，剑形的叶在根茎基部丛生，花茎从叶中抽出，与叶片一起弯曲下垂。

日常管理

温度 吊兰喜温暖，不是很耐寒，生长适温为15～25℃。

光照 吊兰喜半阴的环境，夏季要遮阴，避免强光直射。

浇水 吊兰生长期适量浇水，保持盆土湿润，积水容易导致植株枯黄、根系腐烂。冬季要控制浇水，使土壤偏干。

施肥 吊兰生长旺盛期可以每个月施2～3次腐熟的稀薄液肥，应少施氮肥，否则容易造成叶片上斑纹不是很清晰。

科 / 石蒜科

属 / 龙舌兰属

别名 / 番麻、龙舌掌

龙舌兰

栽培日历

月	1月	2月	3月	4月	5月	6月	7月	8月	9月	10月	11月	12月
日照	阳光充足的环境，忌暴晒											
浇水	保持盆土稍干燥		保持盆土湿润，忌积水							保持盆土稍干燥		
施肥					每两周施一次稀薄肥水							
繁殖			分株									

形态特征

龙舌兰为多年生常绿草本植物，植株高大；叶色灰绿或蓝灰，基部排列成莲座状，叶缘刺最初为棕色，后呈灰白色，末梢的刺长可达3厘米，其叶片坚挺，四季常青。

栽培要求

土壤 龙舌兰喜排水良好、肥沃且湿润的沙质壤土。

水分 龙舌兰耐旱力强，在阳光充足的环境中生长良好，环境空气湿度在40%左右即可满足其生长需要。

温度 龙舌兰生长适温为15～25℃，冬季温度要求不低于5℃，否则易冻伤。

放置场所 一般可以把龙舌兰直接摆在阳光充足的阳台或者落地窗前，这样既有利于龙舌兰的生长，也会让客厅显得非常大气。

栽植 盆栽龙舌兰最好使用腐叶土和粗沙按1:1混合的土，栽时抖去旧土，切除死根，盆底铺一层碎瓦片，之后栽植入盆，浇定根水即可。

龙舌兰放在客厅

POINT 养花小窍门

龙舌兰对光照有什么要求？

龙舌兰喜欢阳光充足的环境，即使在炽烈的阳光下仍能生长良好。但若光照不足，则会导致其生长不好，叶子暗淡无光。因此在冬天日照条件比较差的情况下，更要注意尽量提供充足的光照，使其安全过冬。

日常管理

浇水 龙舌兰在春季每2～3天浇一次水，保持盆土湿润即可；夏季是龙舌兰的生长季，可每天浇一次水，忌积水；秋季应减少浇水，盆土以保持稍干燥为宜；冬季休眠期不宜浇水过多，以免根部腐烂，3～5天浇一次水即可。

施肥 盆土肥沃会使龙舌兰生长得更为良好，生长期通常要每两周施用一次稀薄肥水，切忌喷洒肥料，避免引起肥害。

繁殖 龙舌兰可用播种或分株法繁殖。但播种后需较长时间才能达到观赏效果，实用价值不大。分株繁殖法更常用，通常结合换盆进行，即在4月份，把母株周围的分蘖芽分开，另行栽植，栽后的幼株放在半阴处，成活后再移至光线充足的地方。

病虫防治 龙舌兰常发生炭疽病、灰霉病、叶斑病等，可用退菌特可湿性粉剂喷洒，如果有了介壳虫虫害，可用敌敌畏、乳油喷杀。

步骤1

龙舌兰炭疽病

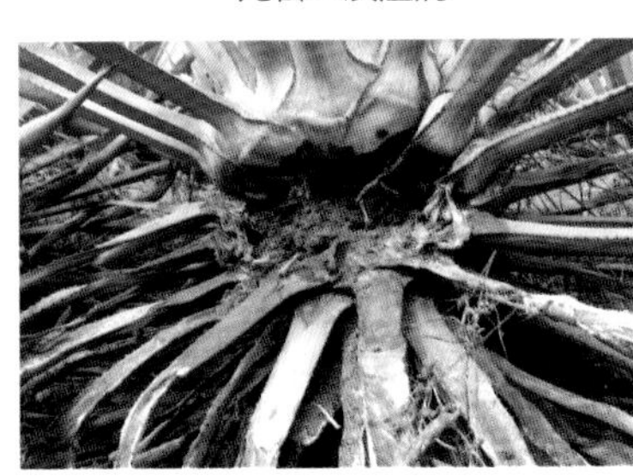

龙舌兰灰霉病

步骤2

步骤3

种植步骤

1. 选择长出子株的盆栽。
2. 取出并分开植株。
3. 栽好后固定即可。

科 / 唇形科

属 / 迷迭香属

别名 / 海洋之露、艾菊

迷迭香

栽培日历

<table>
<tr><th>月</th><th>1月</th><th>2月</th><th>3月</th><th>4月</th><th>5月</th><th>6月</th><th>7月</th><th>8月</th><th>9月</th><th>10月</th><th>11月</th><th>12月</th></tr>
<tr><td>日照</td><td colspan="12">阳光充足的环境</td></tr>
<tr><td>浇水</td><td colspan="12">盆土干透时充分浇水</td></tr>
<tr><td>施肥</td><td colspan="12">在新叶生长时追施3次腐熟的液肥，以后每次修剪后追肥1次</td></tr>
<tr><td>繁殖</td><td></td><td></td><td colspan="2">扦插</td><td></td><td></td><td></td><td></td><td colspan="2">扦插</td><td></td><td></td></tr>
</table>

形态特征

迷迭香为多年生灌木，茎及老枝圆柱形，叶常常在枝上丛生，花冠蓝紫色，花萼卵状钟形。

日常管理

温度 迷迭香喜温暖，生长适温为18~28℃。

光照 迷迭香喜光照充足的环境，生长期要给予充足的光照。

浇水 迷迭香浇水要在盆土快干透时再浇，浇水要浇透，干湿交替进行。切忌积水，不然叶片会变为褐色或掉落。

施肥 迷迭香盆栽施肥过多会导致其疯长，可在新叶生长时追施3次腐熟的液肥，以后每次修剪后可追肥1次。

科 / 百合科

属 / 天门冬属

别名 / 云片松、刺天冬

文竹

栽培日历

月	1月	2月	3月	4月	5月	6月	7月	8月	9月	10月	11月	12月
日照	阳光散射的半阴环境					需遮阴或放于室内阴凉处			阳光散射的半阴环境			
浇水	以喷雾为主		保持土壤微微湿润								以喷雾为主	
施肥			每个月施1～2次腐熟的稀薄肥水									
繁殖			播种									

形态特征

文竹为多年生草本植物，茎非常细小，生长具有攀缘性，叶片为羽状复叶，叶色为翠绿色。

日常管理

温度 文竹喜温暖，耐寒能力较弱，生长适温为15～25℃。

光照 文竹喜半阴，害怕暴晒，夏季需遮阴或放于室内阴凉处。

浇水 文竹喜湿润却又怕涝，浇水时应控制好量，使盆土微微湿润。冬季要减少浇水量，可以用喷雾代替。

施肥 文竹生长旺盛期可以每个月施1～2次腐熟的稀薄肥水，以氮、钾为主，肥水不可太浓，否则易使植株死亡，冬季停止施肥。

橡皮树

科 / 桑科

属 / 榕属

别名 / 橡胶树、巴西橡胶

形态特征

橡皮树为常绿乔木，其主干明显，少侧枝，有气根；叶片互生，且宽大、肥厚，呈长圆形或椭圆形，叶片表面绿色有光泽，再结合顶端刚生出的红色幼嫩叶芽，显得十分绮丽，观赏价值很高。

栽培日历

月	1月	2月	3月	4月	5月	6月	7月	8月	9月	10月	11月	12月
日照	阳光充足的环境，忌暴晒											
浇水	保持盆土湿润偏干		保持土壤湿润，空气干燥时要经常向枝叶及四周环境喷水								保持盆土湿润偏干	
施肥			每个月追施2~3次氮肥						追施两次磷钾肥			
繁殖					扦插							

栽培要求

土壤　橡皮树喜疏松肥沃、排水良好的微酸性土壤。

水分　橡皮树喜湿润的环境，生长季节空气干燥时，要经常向枝叶及四周环境喷水，以提高空气湿度。

温度　橡皮树生长适温为20～25℃。耐高温，在30℃以上时也能生长良好。不耐寒，安全的越冬温度为5℃。

放置场所　橡皮树喜欢阳光充足的地方，这样可以保证其进行旺盛的光合作用和蒸腾作用，对于灰尘较多的房间则最适合摆放在窗台边等通风透光处。

栽植　橡皮树的栽植基质可用园土、腐叶土及素沙等材料配制；通常每两年翻盆一次，换盆时不要伤根，栽植后要浇定根水。

橡皮树放在客厅

POINT　绿植小百科

橡皮树的常见品种有哪些?

橡皮树的常见品种：白斑橡皮树，叶片较窄，且有许多白色斑块;金边橡皮树，叶边缘为金黄色;花叶橡皮树，叶片稍圆，叶片上有许多不规则的黄白色斑块;金星宽叶橡皮树，叶片比一般橡皮树大，幼嫩时为褐红绿色叶片，成长后红褐色稍淡，靠近边缘散生稀疏的、针头大小的斑点。

橡皮树对室内环境的影响有哪些?

橡皮树具有净化粉尘的功能，在封闭的室内摆放一些，可以减少室内的粉尘。它还可以净化装修材料中挥发出的甲醛，吸收空气中的一氧化碳、二氧化碳、氟化氢等。

日常管理

浇水 橡皮树浇水春秋季保持土壤湿润即可，夏季生长较快，应充分供给水分，最好每天浇水，保持盆土湿润，并向叶面喷水，增加空气湿度，但要避免盆内积水；冬季则需控制浇水，因为低温且盆土过湿时，易导致根系腐烂，所以保持盆土湿润偏干即可。

施肥 橡皮树生长期需每个月追施2～3次以氮肥为主的肥料；进入9月后应停施氮肥，追施两次磷钾肥，冬季植株休眠，应停止施肥。

修剪方法 橡皮树的最佳修剪季节在春季，主要是剪除树冠内部的枯枝、弱枝、分岔枝、内向枝，截短突出树冠的窜枝，以保证植株良好的通风透光；当幼苗长到一定高度时，注意摘心，以促进侧枝萌发；侧枝长出后选3～5个枝条，以后每年对侧枝短剪一次。

繁殖 橡皮树常用扦插法繁殖，可结合修剪进行。选取一年生木质化的枝条作为插穗，除去基部叶片，保留上部两片叶，用塑料绳绑好上面的两个叶片，以减少水分蒸发，然后插入沙床，置于半阴环境中2～3周即可生根。此外橡皮树也可用叶插法繁殖。

病虫防治 橡皮树常见病虫害有叶斑病、红蜘蛛、介壳虫等，在发病前或初期可用甲基托布津、退菌特、百菌清、多菌灵等可湿性粉剂液喷洒。平时也要注意透光和通风，不要放置过密，最好在扦插时就选无病植株采扦插枝条来繁殖幼苗。

步骤1

步骤2

步骤3

步骤4

步骤5

种植步骤

1. 选择健壮植株。
2. 剪去多余的叶子。
3. 涂上生长促进剂。
4. 插入沙床。
5. 生根后移栽。

发财树

科 / 木棉科

属 / 瓜栗属

别名 / 鹅掌钱、瓜栗、中美木棉

形态特征

发财树为常绿乔木，茎直立，叶大互生，有长柄，掌状叶，呈长圆至倒卵圆形；花瓣条裂，花色有红、白及淡黄色，色泽艳丽。

栽培日历

月	1月	2月	3月	4月	5月	6月	7月	8月	9月	10月	11月	12月
日照	隔玻璃（1月—5月）					阳光直射（5月—10月）					隔玻璃（10月—12月）	
浇水	以土壤略湿为宜（1月—2月）		盆土干燥时充分浇水（3月—10月）								以土壤略湿为宜（11月—12月）	
施肥					每隔半个月施用一次腐熟的液肥或混合型育花肥（5月—10月）							
繁殖					压条（5月—9月）							

栽培要求

土壤 发财树喜肥沃疏松、透气保水的沙壤土，喜酸性土，忌碱性土或黏重土壤。

水分 发财树耐旱力较强，数日不浇水也不受害。高温季节要有充足的水分，但忌盆内积水。

温度 发财树生长适温为18～30℃。冬季温度需达到5℃以上，否则易发生冻害。

放置场所 发财树可以净化空气，吸收辐射。因其性喜高温湿润和阳光照射，不能长时间荫蔽，所以宜摆放于客厅、书房或阳台等阳光充足处。

栽植 发财树幼苗上盆前要先配制营养土，用腐叶土3份、沙子2份、园土4份、充分发酵的有机肥1份，混合均匀后栽植。移栽时要注意不要伤及幼嫩的根部，深度以原根基部为准，栽后浇透水，放于阴凉处。

发财树放在客厅

POINT 养花小窍门

发财树怎样养护才能不让其枝叶变黄？

严重缺水或浇水过量、施肥过量或浓度过高、营养不良或植株缺铁等都会使发财树叶片变黄，因此在养护过程中要注意以下几点：浇水，发财树虽然有一定耐旱力，但在生长期也需要足够的水分才能更好地生长；施肥，发财树是喜肥植物，应根据发黄的原因，适当控肥和增加施肥；补铁，若嫩叶明显变黄，而老叶症状较轻，叶缘呈绿色，叶肉黄色，则是缺铁，可施用硫酸亚铁水溶液，或用饼肥、硫酸亚铁和水配制成喷液喷洒。

日常管理

浇水 春秋季，室内发财树5～10天浇一次透水，室外则1～2天浇一次透水，并经常向叶面洒水，洗去灰尘；夏季，室内3～5天浇一次透水，不宜放于室外；冬季，以土壤略湿为宜。

施肥 发财树为喜肥植物，在生长期每隔半个月施用一次腐熟的液肥或者混合型育花肥即可使发财树生长得很好。

修剪方法 发财树修剪宜在5月上旬完成,修剪时主要剪去徒长枝条，健壮的枝条只留下基部3～4个芽眼即可，其他上部枝条全部剪除。较弱枝条应从基部全部剪去。

繁殖 发财树用压条法繁殖时，要先选取一段枝条，在叶子下方用刀刻入两毫米的深度，划出切口，长度约为直径的两倍，然后剥去表皮部分，露出木质，剥去表皮的部分用吸足水的水苔包起来，外面用塑料膜包裹，上下两端扎紧。生根后移至花盆中，浇水，并立支架固定。

病虫防治 发财树常见的病害有根腐病和叶枯病。根腐病可以用普力克、土菌灵、雷多米尔或疫霜灵喷施，叶枯病可以直接将病叶摘除，也可以每隔10～15天喷施多菌灵或百菌清进行治疗。

步骤1

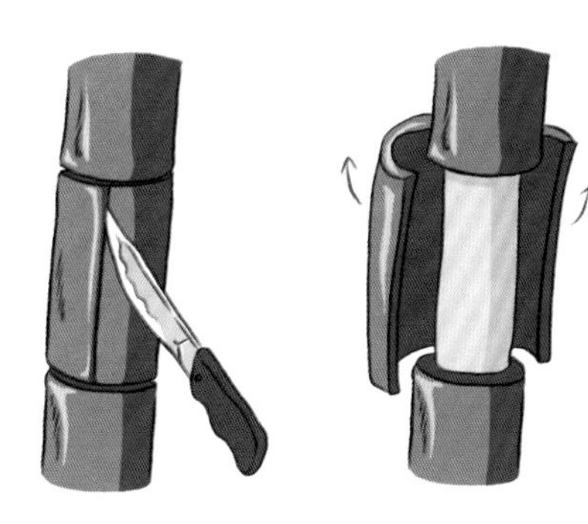

步骤2　步骤3

步骤4

步骤5

种植步骤

1. 选取枝条。
2. 划出切口。
3. 剥去表皮。
4. 包裹。
5. 移栽固定。

POINT 绿植小百科

发财树在家庭装饰中有什么寓意？

发财树并不只代表着发财，它还是重要的家居摆设物。发财树和不同的家居搭配，会有不同的风格。中国人讲求方正、平稳，发财树正好能体现这种气韵，放在卧室中可以体现出主人向着目标奋斗的决心。

金钱树

科 / 天南星科

属 / 雪芋属

别名 / 雪铁芋

形态特征

金钱树为多年生观叶草本植物，地下部分是肥大的块茎，叶子呈长卵形，表面油亮而富有光泽。

日常管理

温度 金钱树喜温暖，怕寒冷，生长适温为20~32℃。

光照 金钱树喜光却又耐半阴，不耐强光直射。

浇水 金钱树较耐旱，土壤以保持湿润偏干为宜，生长旺季应每天浇一次水，中秋之后以喷水来代替浇水。冬季土壤应尽量保持偏干状态，以免因潮湿使根系腐烂。

施肥 金钱树较喜肥，生长旺季可以每个月施一次麸饼水或复合肥。

栽培日历

月	1月	2月	3月	4月	5月	6月	7月	8月	9月	10月	11月	12月
日照	阳光散射（1月—4月）				室内明亮处（5月—10月）						阳光直射（11月—12月）	
浇水	以保持土壤湿润偏干为宜（1月—12月）											
施肥			每个月施肥一次（3月—10月）									
繁殖			扦插、分株（3月—5月）									

科 / 五加科

属 / 常春藤属

别名 / 土鼓藤、钻天风、三角风

常春藤

栽培日历

月	1月	2月	3月	4月	5月	6月	7月	8月	9月	10月	11月	12月
日照	阳光散射的半阴环境											
浇水	保持土壤湿润											
施肥			每两个月左右施肥一次									
繁殖				扦插				扦插				

形态特征

常春藤为多年生常绿攀缘灌木，茎灰棕或黑棕色，叶呈卵形或戟形，表面深绿色，背面淡绿色或淡黄绿色。

日常管理

温度 常春藤喜温暖，生长适温为15~25℃。

光照 常春藤喜半阴的环境。

浇水 常春藤浇水要使土壤湿润，要浇透，只要盆土稍干就浇水，以保持土壤湿润。

施肥 常春藤施肥可以用粪肥、饼肥和化学复合肥交替使用，两个月左右一次。

科 / 唇形科

属 / 薄荷属

别名 / 薄荷香脂、蜂香脂、蜜蜂花

吸毒草

栽培日历

月	1月	2月	3月	4月	5月	6月	7月	8月	9月	10月	11月	12月
日照	阳光充足的环境											
浇水	保持盆土稍湿润			盆土干燥时充分浇水							保持盆土干燥	
施肥			适时施用植物营养液或普通氮肥									
繁殖				播种、扦插或分株								

形态特征

吸毒草为多年生宿根草本植物，茎叶具有肥皂香味，轮伞形花序，唇形，花为淡粉紫色。

栽培要求

土壤　吸毒草喜疏松肥沃、排水良好的壤土。

水分　吸毒草耐干旱，也耐水涝，比较好养活。

温度　吸毒草冬季能耐低温，夏季能耐高温。生长适温为10～20℃，冬季能耐0℃以下低温，但夏季温度高于30℃时，生长会受限制。

放置场所　吸毒草最好放在阳台、窗台等有阳光照射的地方，室内正常通风即可。像卫生间、厨房等采光不是很好的地方，则要在72小时后挪至阳光充足的地方，之后再放回去就好了。天气不冷时也可放置在屋外。

栽植　吸毒草栽植在一般的土壤中就能很好地生长，有蓬松透气的腐叶土则更好。

日常管理

浇水　吸毒草要每3～5天浇一次水，盆土不干不浇，干则浇透。如果叶子蔫了，浇水时在水里加入一些一般的植物营养液，叶子就会恢复。

施肥　吸毒草使用一般的植物营养液或者普通的氮肥就可以很好地生长。

修剪方法　吸毒草生长很快，建议每周修剪一次，将枝节高处新叶以上部位剪掉，将黑边叶和根部老叶剪除。冬天枝叶生长慢，尽量少修剪。

繁殖　吸毒草繁殖容易，播种、扦插、分株等方法都可以。扦插繁殖时，在距顶芽5厘米处用洁净的剪刀剪下，但要留意的是吸毒草叶片薄，必须时常浇水以保持湿度并进行遮光。然后将其插于干净盆土中，2～3周就可成活移植。

病虫防治　吸毒草是基因重组植物，一般不会发生病虫害。

种植步骤

1. 剪取健壮的植株作为插穗。
2. 剪去多余的叶子。
3. 插入土中。
4. 生根后移栽。

步骤1

步骤2

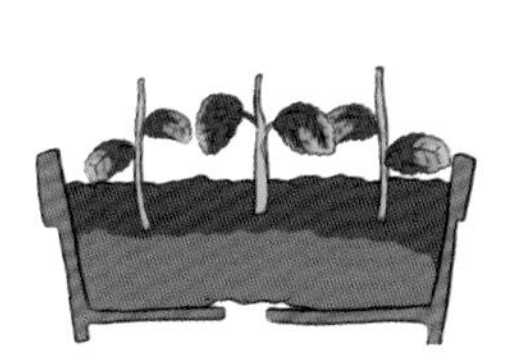
步骤3

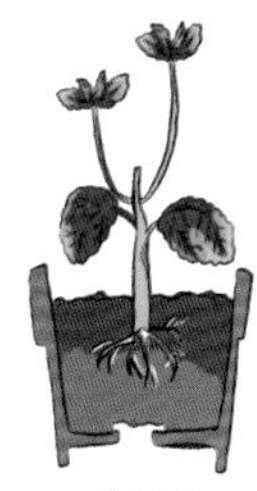
步骤4

科 / 荨麻科

属 / 冷水花属

别名 / 透明草、白雪草

冷水花

栽培日历

月	1月	2月	3月	4月	5月	6月	7月	8月	9月	10月	11月	12月
日照	充足光照，夏季遮阴											
浇水	盆土微湿			保持盆土湿润							盆土微湿	
施肥			幼苗每个月施肥一次，老株每2~3个月施肥一次									
繁殖				扦插					扦插			

形态特征

冷水花为多年生草本植物，茎匍匐，肉质；叶纸质，呈卵状披针形或卵形，叶色绿白分明，纹样美丽，是耐阴性很强的小型观叶植物。

日常管理

温度 冷水花生长适温为15~25℃。

光照 冷水花虽然很耐阴，但是更喜欢充足的光照。

浇水 冷水花春夏秋三季生长最快，每1~4天浇一次水。夏季保持盆土湿润，要每天给叶面喷雾和淋水，以保持叶色鲜亮。冬季要减少浇水，土壤微湿即可，不要喷淋叶面，以防叶面出现黑斑。

施肥 冷水花幼苗生长期可以每个月施一次肥。成熟的老株可以每2~3个月施一次肥，休眠期要停止施肥。

铜钱草

科 / 伞形科

属 / 天胡荽属

别名 / 中华天胡荽、地弹花

形态特征

铜钱草为多年生草本植物，地下横生走茎，叶呈圆盾状，边缘为波浪形，夏秋季开小小的黄绿色花。

日常管理

温度 铜钱草生长适温为22~28℃，低于5℃时要注意防冻。

光照 铜钱草性喜温暖潮湿，以半日照或遮阴处为佳，忌阳光直射。

浇水 铜钱草春秋季每天浇一次透水。夏季每天浇2~3次透水，并向叶面和周围洒水。冬季要保持盆土湿润。

施肥 铜钱草喜肥，生长旺盛期每隔2~3周追肥一次即可。种植在花盆或其他容器中的铜钱草需要少量施肥，以速效肥-花宝二号或缓效肥-魔肥（能于水中维持长时间肥效）为主。

栽培日历

月	1月	2月	3月	4月	5月	6月	7月	8月	9月	10月	11月	12月
日照	半日照	半日照	半日照	半日照 / 室内遮阴处	室内遮阴处	室内遮阴处	室内遮阴处	室内遮阴处	室内遮阴处	半日照	半日照	半日照
浇水	盆土保持湿润	盆土保持湿润	每天浇一次透水	每天浇一次透水	每天浇一次透水	每天浇2~3次透水，并向叶面和周围洒水	每天浇2~3次透水，并向叶面和周围洒水	每天浇2~3次透水，并向叶面和周围洒水	每天浇一次透水	每天浇一次透水	每天浇一次透水	
施肥			每隔2~3周追肥一次	每隔2~3周追肥一次	每隔2~3周追肥一次	每隔2~3周追肥一次	每隔2~3周追肥一次	每隔2~3周追肥一次	每隔2~3周追肥一次	每隔2~3周追肥一次		
繁殖			播种、分株	播种、分株	播种、分株							

巴西木

科 / 百合科

属 / 龙血树属

别名 / 巴西铁树、巴西千年木

形态特征

巴西木为乔木状常绿植物，树皮灰褐色或淡褐色，皮状剥落；茎粗大，多分枝；叶簇生于茎顶，叶片宽大，生长健壮，有花纹，鲜绿色有光泽；花小不显著，芳香。

栽培日历

月	1月	2月	3月	4月	5月	6月	7月	8月	9月	10月	11月	12月
日照	散射光充足的半日照环境											
浇水	保持盆土稍湿润								微湿		半干半湿	
施肥					生长期在基部或边缘埋施有机肥，之后每隔15~20天施一次液肥或1~2次复合肥							
繁殖					扦插							

栽培要求

土壤　巴西木喜疏松、排水良好、含腐殖质丰富的肥沃河沙壤土。

水分　巴西木需要水分不多，对湿度要求却较高。

温度　巴西木生长适温为20～28℃，不可以低于8℃。

放置场所　巴西木在室内应摆放在阳台、客厅等有光照处，冬季若有取暖设备，要把盆放置得远一些，防止吹干或烘坏枝叶，也要注意室内空气流动，在开启门窗时，不能让冷风直接吹在枝叶上。

栽植　盆栽巴西木可用园土、腐叶土、泥炭土、河沙混合成培养土。换盆时应将旧土换掉⅓，再换入新泥沙土，栽植完要修整叶茎及茎干下部老化枯焦的叶片。

巴西木放在客厅

POINT 养花小窍门

巴西木放在室内养护时应注意什么？

巴西木喜温暖环境，所以在冬天最好放在室内养护。在室内要注意将其放在明亮的散射光处，且要套上塑料袋保温，等太阳出来后再取下。对于室内有取暖器的，则不用套塑料袋，还要将盆放置得远一些，以免烘干树叶。还有，在开启门窗时要注意不能让冷风直接吹在枝叶上，也不要随意将其搬到室外晒太阳，以防止受冻。

日常管理

浇水 巴西木浇水，春夏秋季，晴天每2～3天浇水一次，每天向叶面喷水1～2次，保持盆土湿润；秋后应控制浇水量，保持盆土微湿；冬季，应控制浇水，保持盆土半干半湿。

施肥 巴西木宜施薄肥，忌施浓肥，5～10月为施肥期，生长期可在基部或边缘埋施有机肥，之后每隔15～20天施一次液肥或1～2次复合肥，冬季停止施肥。

修剪方法 巴西木修剪时需将影响美观的枝条修剪掉，修剪时用的剪刀需要提前进行消毒，将枝条从根节的地方剪掉即可。

繁殖 巴西木的繁殖可用扦插法，时间以在5～8月为最宜，将枝条剪成5～10厘米的段作为扦插材料，直立或平卧扦插在插床上，生根后即可移植到新盆。

病虫防治 巴西木易生蔗扁蛾，病发时要将受害的巴西木转移至室外的阴凉处，用乐果乳油或敌百虫喷洒，每周一次，连续3周即可治愈。

步骤1

种植步骤

1. 截取插穗。
2. 剪去多余叶片。
3. 插入插床中。
4. 生根后移栽。

步骤2

步骤3

步骤4

POINT 绿植小百科

巴西木的装饰作用有哪些？

巴西木是常见的家庭装饰植物，可将其摆放在较为宽阔的地方，如客厅、书房、卧室等地，不但高雅大方，而且还是天然的保健医生。巴西木可以净化室内空气，在吸收二甲苯、甲苯、三氯乙烯、苯和甲醛等有害气体上有很好的效果，适合放在室内养植。

波士顿蕨

科 / 肾蕨科

属 / 肾蕨属

别名 / 波斯顿蕨

形态特征

波士顿蕨为多年生草本植物，是肾蕨的变种，羽状复叶，密生稍皱，呈淡绿色，羽片多次羽状分裂，柔软而下垂，淡绿色有光泽的羽裂叶向下弯曲生长，形态潇洒优雅。

栽培日历

月	1月	2月	3月	4月	5月	6月	7月	8月	9月	10月	11月	12月
日照	光线散射处				忌阳光直射					光线散射处		
浇水	保持盆土湿润											
施肥			每隔20～30天施一次稀薄的腐熟饼肥									
繁殖	分株											

栽培要求

土壤 波士顿蕨喜疏松肥沃、排水良好的壤土。

水分 波士顿蕨是耐旱植物，浇水以保持盆土湿润为度。

温度 波士顿蕨生长适温为15～25℃，冬季温度要求10℃以上，否则易冻伤。

放置场所 波士顿蕨一般要放置在室内有明亮散射光处培养，不能受强光直射，但也不能放在阴暗处。

栽植 波士顿蕨盆栽选用腐叶土、河沙和园土的混合培养土，有条件采用水苔为培养基则会生长更好，可每隔一年于春季换一次盆。

波士顿蕨放在卧室

波士顿蕨放在室外

POINT 绿植小百科

波士顿蕨有什么观赏价值?

波士顿蕨是一种下垂式的观叶植物，叶片色泽明亮、轻盈飘逸，适合盆栽吊挂观赏，也可剪下来用作装饰的搭配材料。波士顿蕨还有很大的环保价值，它被称为“有效的生物净化器”，可以去除甲醛等有害气体。

日常管理

浇水 波士顿蕨浇水，春季，每1～2天浇一次水，使盆土湿润即可；夏季，每天浇一次水，并向叶面喷水，使盆土湿润；秋季，同春季相同；冬季，每4～5天浇一次水，水量也不宜过多。

施肥 波士顿蕨生长期每隔20～30天施一次稀薄的腐熟饼肥即可，不宜施用速效化肥，切忌将肥料撒在叶片上。

修剪方法 随时剪去枯黄老叶，也可根据美观需要将较长枝条剪短。

繁殖 波士顿蕨采用分株法繁殖，一年四季均可进行，以春秋两季为好。从生长良好的植株中剪下带根的小植株，除去旧土。将枯黄老叶剪去，除去旧根、老根；植于盆土中，栽植后浇透水；之后要置于荫蔽处生长。

病虫防治 波士顿蕨容易患叶斑病和猝倒病，叶斑病发病可喷施多菌灵，每隔7天喷一次，连喷3次可把病情控制住；猝倒病发病初期，应及时喷杀甲霜灵或多菌灵，约每周喷洒一次。

步骤1

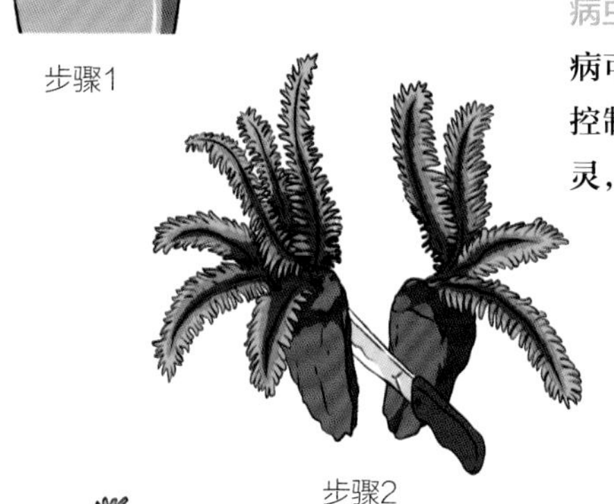

步骤2

步骤3

步骤4

种植步骤

1. 取出植株。
2. 抖落旧土并分成两株。
3. 剪去多余的叶片。
4. 植入土中。

科 / 铁线蕨科

属 / 铁线蕨属

别名 / 铁丝草、铁线草、水猪毛土

铁线蕨

栽培日历

月	1月	2月	3月	4月	5月	6月	7月	8月	9月	10月	11月	12月
日照			光线散射处				忌阳光直射				光线散射处	
浇水	保持盆土偏干		保持盆土湿润			保持盆土湿润常常喷雾			保持盆土湿润		保持盆土偏干	
施肥			每个月施一次稀薄的饼肥，生长旺盛期可每周施用少量的钙肥									
繁殖			分株									

形态特征

铁线蕨为多年生常绿草本植物，根茎短，茎表面有鳞片附生，叶从底部茎基向上生长，小巧光滑，呈浓绿色。

日常管理

温度　铁线蕨耐寒能力弱，生长适温为15～20℃，冬季不低于5℃。

光照　铁线蕨喜阴，夏季和初秋应遮阴，避免阳光直射。

浇水　铁线蕨生长期要浇足水，保持盆土湿润，高温干燥天气要常常喷雾，以增加空气湿度。

施肥　铁线蕨生长期可以每个月施一次稀薄的饼肥，生长旺盛期可每周施用少量的钙肥，有助促进植株生长。

科 / 肾蕨科

属 / 肾蕨属

别名 / 蜈蚣草、圆羊齿

肾蕨

栽培日历

月	1月	2月	3月	4月	5月	6月	7月	8月	9月	10月	11月	12月
日照	柔和的光照					室内光线散射处，避免强光的照射				柔和的光照		
浇水	保持盆土干燥					浇足水，并时常喷雾			保持盆土干燥			
施肥			每个月施肥1~2次									
繁殖			分株									

形态特征

肾蕨为附生或土生草本蕨类，叶片线状披针形或狭披针形，密集排列在叶柄的两边，叶缘有疏浅的钝锯齿。

日常管理

温度 肾蕨喜温暖，不耐寒，生长适温为15~25℃。

光照 夏季与初秋将植株放在室内光线散射处，以避免强光的照射使叶片发黄掉落。其余的时间可以给予植株柔和的光照。

浇水 肾蕨较耐旱，但炎热天气需浇足水，并时常喷雾，以增加空气湿度。其他时候保持土壤干燥。

施肥 肾蕨生长期每个月施1~2次肥，可以用稀薄的腐熟麸饼水，其余季节可以不施肥。

科 / 竹芋科

属 / 肖竹芋属

别名 / 五色葛郁金、蓝花蕉

孔雀竹芋

栽培日历

月	1月	2月	3月	4月	5月	6月	7月	8月	9月	10月	11月	12月
日照	透过玻璃的直射阳光			置于荫蔽或半阴处，忌阳光直射						透过玻璃的直射阳光		
浇水	保持土壤湿润											
施肥			每20天施稀薄液肥一次						每20天施稀薄液肥一次			
繁殖				分株								

形态特征

孔雀竹芋为多年生常绿草本植物，具根茎，长而窄的矛状叶直接从根部长出，植株呈丛状；叶片上有深浅不同的绿色斑纹，叶背部多呈褐红色，卵状椭圆形，叶薄，革质。

栽培要求

土壤 孔雀竹芋喜疏松、肥沃、排水良好、富含腐殖质的微酸性壤土。

水分 孔雀竹芋忌空气干燥、盆土发干，但也不能积水。

温度 孔雀竹芋生长适温为18～25℃，夏季不可高于35℃。

放置场所 孔雀竹芋在生长期要置于荫蔽或半阴处，保持一定的透光率，切忌烈日直射；但光线也不宜太弱，长时期放在阴暗室内，温度低、光照不足，也会长势衰弱，不利叶色形成，甚至会失去叶面特有的金属光泽。冬季可接受透过玻璃的直射阳光。

栽植 孔雀竹芋盆栽土选用腐叶土3份、泥炭或锯末1份、沙1份混合配制，忌用黏重的园土。然后加入少量的豆饼为基肥，上盆时可在盆底先垫上3厘米厚的粗沙为排水层，以利排水。换盆后要及时浇水，并剪去老叶，以促进新叶发出。

日常管理

浇水 孔雀竹芋浇水，春秋季，每天下午5点左右浇一次透水；夏季，上午9点和下午5点各浇一次透水；冬季，每隔一周在上午10点前浇一次水，以土壤湿润为宜。

施肥 孔雀竹芋在生长期每20天施稀薄液肥一次，氮磷钾按照一定的比例混合，切忌氮肥比例过大，还可以每隔10天用稀薄液肥直接喷洒叶面，以利于萌芽和生长，冬季和夏季停止施肥。

修剪方法 孔雀竹芋的修剪主要是提高其观赏性，可根据个人审美将那些不成簇、不协调的枝叶剪掉即可。

缺水黄

肥黄

灼黄

步骤1

繁殖　孔雀竹芋常在春末采用分株法进行繁殖：将母株从盆内取出，除去旧土；用利刃沿地下根茎生长方向将生长茂密的植株分切，使每丛有2～3个萌芽和健壮根；分切后立即上盆充分浇水，置于阴凉处。1周后逐渐移至光线较好处，初期宜控制水分，待发新根后才充分浇水。

病虫防治　通常情况下孔雀竹芋的病虫害较少，偶尔会发生介壳虫害，可以用吡虫啉系列药物进行喷杀。

步骤2

种植步骤

1. 将母株从盆中取出。
2. 用利刃将母株分切。
3. 上盆。

步骤3

POINT 绿植小百科

孔雀竹芋在家庭装饰中的作用有哪些?

孔雀竹芋不但具有很强的观赏作用，还可以净化空气。虽然它除甲醛的能力仅为吊兰的一半，但这也比普通的植物高很多，而且它还是清除氨气污染的高手。其次孔雀竹芋株形规整，叶面富有美妙精致的斑纹和独特的金属光泽，褐色的斑块犹如孔雀开屏，其色彩清新、华丽、柔和，因此越来越受到人们的青睐，成为室内观叶植物的珍品。它适应性较强，在室内较弱光线环境中也可较长时间生长，常以中小盆种植，装饰布置于家庭书房、卧室、客厅等处。

科 / 天南星科

属 / 五彩芋属

别名 / 彩叶芋、花叶芋

五彩芋

栽培日历

月	1月	2月	3月	4月	5月	6月	7月	8月	9月	10月	11月	12月
日照	光线散射的半阴环境											
浇水	保持盆土干燥		保持盆土湿润			充足浇水			保持盆土湿润			
施肥					每个月施一次复合肥							
繁殖				分株								

形态特征

五彩芋为多年生草本植物，有块状茎，叶片在茎的基部簇生，叶片呈心形或箭形，叶面色彩丰富。

日常管理

温度 五彩芋喜高温，不耐寒，6～10月生长期生长适温为21～27℃；10月至次年6月休眠期生长适温为18～24℃。

光照 五彩芋喜半阴的环境，不喜强光，需适当遮阴。

浇水 五彩芋浇水，春秋季节保持盆土湿润。盛夏水分蒸发快，五彩芋生长旺盛，需要充足浇水，冬季则断水。

施肥 五彩芋生长初期可以依靠土壤基肥生长，生长旺期需要每个月施一次复合肥。

科	/ 天南星科
属	/ 苞叶芋属
别名	/ 白掌、苞叶芋

白鹤芋

栽培日历

月	1月	2月	3月	4月	5月	6月	7月	8月	9月	10月	11月	12月
日照	光线散射的半阴环境											
浇水	盆土维持湿润偏干			保持盆土湿润						盆土维持湿润偏干		
施肥					每个月施麸饼水或复合肥1～2次							
繁殖					分株							

形态特征

白鹤芋为多年生常绿草本植物，叶呈长椭圆或近披针形，叶缘呈波浪状，花朵由佛焰苞片和肉穗花序构成。

日常管理

温度 白鹤芋喜高温，不耐寒，生长适温为22～28℃。

光照 白鹤芋对光的要求不是太高，只要有些散光照射，就能满足生长条件。

浇水 白鹤芋生长期需要经常浇水，始终保持盆土湿润。夏季高温时需要向地面洒水，以保持空气湿度。天气转凉后可以减少浇水量，使盆土维持湿润偏干的状态。

施肥 白鹤芋生长期每个月施麸饼水或复合肥1～2次，有利于植株健壮成长。

五彩千年木

科 / 龙舌兰科

属 / 龙血树属

别名 / 缘叶龙血树

形态特征

五彩千年木为小乔木，株形树干小而直立，树节紧密；叶形细窄如剑，叶长为30～40厘米，有三色千年木和七彩千年木两种。三色千年木叶色有红、黄、绿三种颜色，而七彩千年木则有七种不同的颜色，分别是白、乳白、黄、奶黄、红、粉、绿，色彩缤纷。

栽培日历

月	1月	2月	3月	4月	5月	6月	7月	8月	9月	10月	11月	12月
日照	室内明亮处				忌阳光直射					室内明亮处		
浇水	保持盆土湿润											
施肥					每周可施一次以氮肥为主薄肥，也可施些进口的复合肥							
繁殖					扦插							

栽培要求

土壤 五彩千年木喜疏松、肥沃的泥土。

水分 五彩千年木喜欢在湿润的环境中生长。

温度 五彩千年木在20～35℃时生长旺盛，冬季温度低于10℃时一定要采取保温措施。

放置场所 五彩千年木必须要放置在室内明亮处，否则叶面的彩色要褪淡，绿色要增多，同时叶片会发软不挺拔，严重影响观赏价值。但要切记，夏天它不能受到阳光直射，其他季节则随意。

栽植 五彩千年木须根很少，吸收肥水的能力较差，需用渗透性及通气性较强的土，每年换盆一次并追施底肥，栽植后不要放在阴暗处，且需对空气喷雾以保持湿润。

五彩千年木放在卧室

POINT 绿植小百科

五彩千年木在家庭装饰中有什么具体用途?

五彩千年木以其超强的环境适应能力及多姿多彩的造型而备受室内设计师的喜爱。只要对它稍加照料，它就能长时间生长。如果将其单干独头顶端打掉，在母株的顶端部位发出几个芽，就能长出几个枝，每个枝上都能发出密集美观的叶片，观赏价值就更高。将其制成小型或中型盆栽，置于室内的茶几、案头、窗台等地，能净化室内空气。在抑制有害物质方面，它更是植物中的佼佼者，它的叶片与根部都能吸收二氧化碳、三氯乙烯、苯和甲醛，并将其分解为无毒物质。

日常管理

浇水 五彩千年木浇水，春季，每天下午浇水一次，水量以保持盆土湿润为度；夏季，需每天早晚各浇水一次，因五彩千年木夏季生长旺盛，所以得多浇水，以盆土浇透为好；秋季，和春季相同；冬季，每隔一周浇水一次，以盆土湿润为宜。

施肥 五彩千年木施肥要把握薄肥勤施的原则，每周可施一次以氮肥为主薄肥，夏、秋两季也可施些进口的复合肥。

修剪方法 五彩千年木生长较缓慢，一般不需要修剪。平时可以剪去一些侧枝以保持美观，发现枯黄叶也可剪去。

繁殖 五彩千年木一般可采用扦插法繁殖，以夏秋季为宜。将茎切成3～4厘米长的段，带2～3片叶片，插在准备好的消毒灭菌过的介质中；插后喷透一次灭菌水，用薄膜盖好，并用遮阳网罩上；晴天每天中午揭膜喷雾一次，然后盖好，阴雨天不需喷雾；5～7天喷一次灭菌药液，用薄膜盖好并用遮阳网罩上；20～25天即可生根。

病虫防治 五彩千年木很少会有病虫害，偶尔会出现的病虫害是介壳虫、红蜘蛛，可及时喷药防治，如杀扑磷、氧化乐果、哒螨灵等。

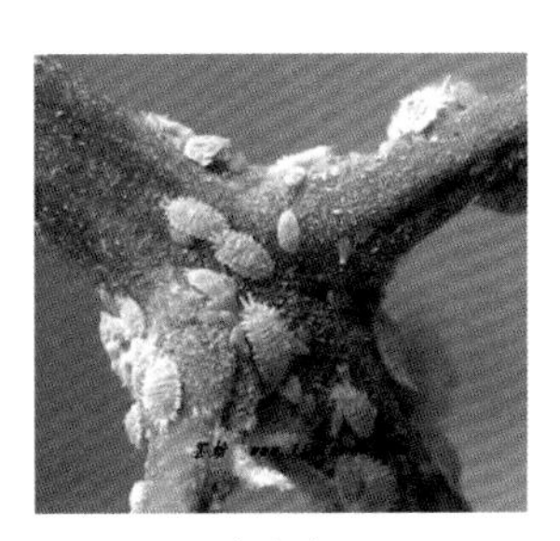

介壳虫

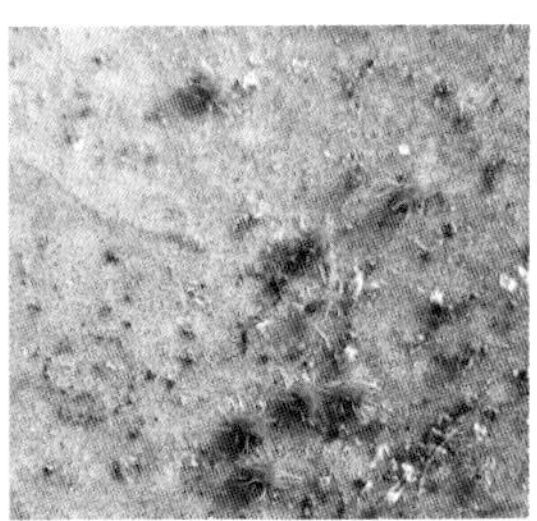

红蜘蛛

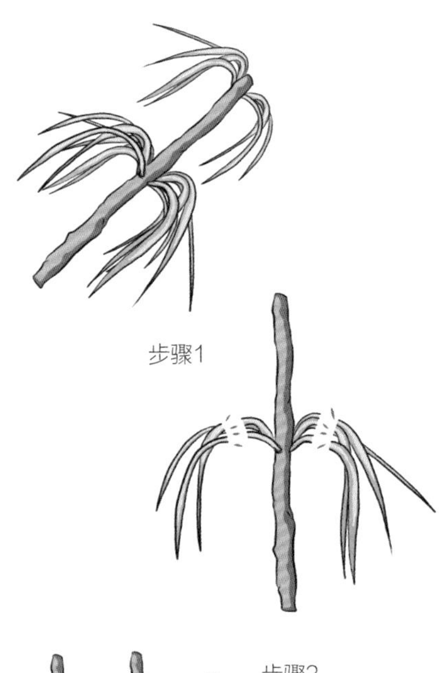

步骤1

步骤2

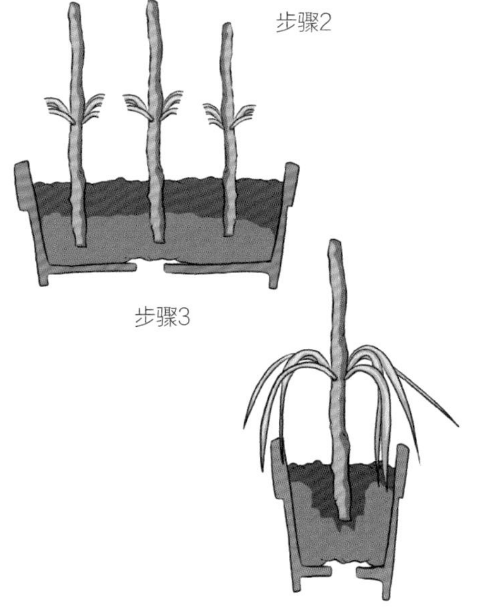

步骤3

步骤4

种植步骤

1. 剪取插穗。
2. 剪去大半叶片。
3. 插入介质中。
4. 生根后移栽。

科 / 天南星科

属 / 龟背竹属

别名 / 蓬莱蕉、铁丝兰、穿孔喜林芋

龟背竹

栽培日历

月	1月	2月	3月	4月	5月	6月	7月	8月	9月	10月	11月	12月
日照	散射光照射					室内阴凉处			室内明亮处			
浇水	盆土保持在润而不湿的状态					喷雾加湿			盆土保持在润而不湿的状态			
施肥				每半个月施一次稀薄的花肥，秋季增施磷钾肥								
繁殖				扦插					扦插			

形态特征

龟背竹为多年生攀缘灌木，茎粗壮，有气根，幼叶为心形，成熟的叶片深裂且有许多洞孔。

日常管理

温度 龟背竹生长适温为20~30℃，15℃时停止生长。

光照 龟背竹喜温暖，忌强光暴晒与干燥，不耐寒。

浇水 龟背竹喜湿润，盆土可以保持在润而不湿的状态，夏季除浇水之外，还需要配合喷雾、洒水来增加空气湿度。浇水时应小心，不要将泥水溅到叶片上。

施肥 龟背竹在4~9月生长旺盛期时可每半个月施一次稀薄的花肥，秋季增施磷钾肥可使茎秆粗壮，防止倒伏。

科 / 大戟科

属 / 变叶木属

别名 / 洒金榕

变叶木

栽培日历

月	1月	2月	3月	4月	5月	6月	7月	8月	9月	10月	11月	12月
日照	室内明亮处				忌阳光直射						室内明亮处	
浇水	干透浇透					每天浇水并喷雾加湿					干透浇透	
施肥					每15~20天施一次肥，植株成熟后每两个月施一次肥							
繁殖					扦插、压条							

形态特征

变叶木为多年生灌木或小乔木，较矮小，叶形有卵圆至椭圆形，颜色有绿色、红色、紫色、黄色等，以斑块状分布在叶面上。

日常管理

温度 变叶木喜温暖，不耐寒，生长适温为20～30℃。

光照 变叶木喜光，在夏季要将植株搬入半阴处，不让阳光直射，以免灼伤。

浇水 变叶木夏季一般每天浇一次，炎热的中午需向植株喷雾，以增加空气湿度并且降温。冬、春季要控制浇水。

施肥 变叶木施肥可以用粪肥、饼肥和化学复合肥交替使用，每15～20天一次，植株成熟后每两个月一次。

科 / 龙舌兰科
属 / 龙血树属
别名 / 不才树

龙血树

栽培日历

月	1月	2月	3月	4月	5月	6月	7月	8月	9月	10月	11月	12月
日照			阳光充足的环境				室内阴凉处				阳光充足的环境	
浇水							保持盆土湿润					
施肥							每个月施肥一次					
繁殖					扦插							

形态特征

龙血树是常绿灌木植物，表皮为浅褐色，厚纸质叶片密集地生长在茎的顶部，呈宽条形或倒披针形。

日常管理

温度 龙血树喜温暖，不耐寒，生长适温为20～28℃。

光照 龙血树既喜欢阳光充足的环境，也能耐阴。

浇水 龙血树可适度浇水，保持盆土在湿润状态即可，但在雨天要及时清理积水。

施肥 在龙血树幼株期可以施一些稀肥，生长旺盛期可以每个月交替使用以磷钾肥为主、氮肥为辅的肥料。

科 / 百合科

属 / 朱蕉属

别名 / 朱竹、铁莲草、红叶铁树

朱蕉

栽培日历

月	1月	2月	3月	4月	5月	6月	7月	8月	9月	10月	11月	12月
日照		充足的光照					适当遮阴				充足的光照	
浇水							保持盆土湿润					
施肥		追施磷钾肥1次			每个月施肥2~3次			每个月施一次复合肥			追施磷钾肥1次	
繁殖				扦插						扦插		

形态特征

朱蕉为多年生常绿灌木，枝条狭长，叶绿色或带紫红色，花淡红色、青紫色至黄色。

日常管理

温度 朱蕉喜温暖，不耐寒，生长适温为20~25℃。

光照 朱蕉对光照的适应性强，充足的光照有利于植物生长，但夏季应适当遮阴。

浇水 朱蕉喜水，浇水量应始终以盆土湿润为宜。

施肥 朱蕉生长初期一般每月施肥2~3次，进入生长旺期后每月施一次复合肥，花蕾期追施磷钾肥1~2次。

南天竹

科 / 小檗科

属 / 南天竹属

别名 / 红杷子、天烛子、红枸子

形态特征

南天竹为常绿丛生灌木，全株无毛，直立，少侧枝；叶对生，呈椭圆状披针形；花序圆锥顶生，为白色小花；果实鲜红色，少有黄色；花期在5~6月。

栽培日历

月	1月	2月	3月	4月	5月	6月	7月	8月	9月	10月	11月	12月
日照	有明亮光线处					忌阳光直射					有明亮光线处	
浇水	每隔2~3天浇水一次		保持土壤不发干，可向地面洒水			每天早晚浇水一次，并向叶面喷雾			保持土壤不发干，可向地面洒水			
施肥				每隔半个月施一次稀薄饼肥水，两个月浇一次硫酸亚铁水								
繁殖			播种、分株或扦插									

栽培要求

土壤 南天竹喜肥沃、排水良好的沙质土壤。

水分 南天竹既耐涝，又耐干旱，生命力强。

温度 南天竹生长适温为20℃左右，低于0℃会受冻害。

放置场所 南天竹形态优越清雅，可以制成盆景或盆栽，应尽量放在有明亮光线的地方，如采光良好的客厅、卧室、书房等场所。

栽植 南天竹栽植可用园土和炉渣按照3:1的比例配制成基质土，盆的底孔用两片瓦片或薄薄的泡沫片盖住，再放上一层陶粒或碎砖头作为滤水层。滤水层上再放有机肥，把根系与肥料隔开，最后把植物放进去，填充营养土即可。

南天竹放在卧室

POINT 绿植小百科

南天竹的价值有哪些？

南天竹含多种生物碱，其叶、果、根和茎枝均可入药，具有清热、止咳、化痰等功效。用干燥的南天竹果实10克，加冰糖水煎服，有助缓解小儿百日咳症状；用南天竹叶煎水洗眼，有助缓解风火热肿、眵泪赤痛。

日常管理

步骤1　步骤2

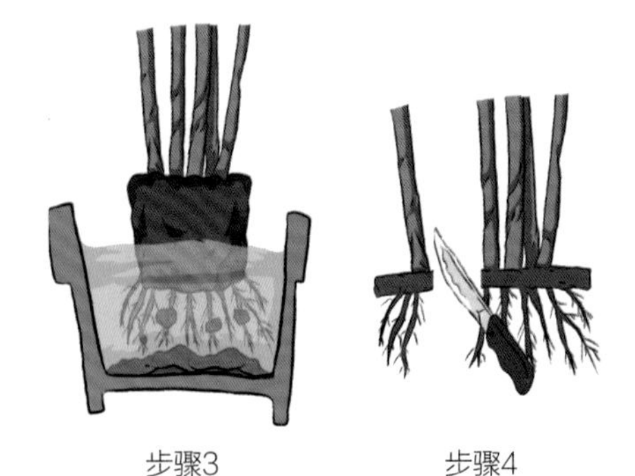
步骤3　步骤4

步骤5

浇水 南天竹浇水，夏季，每天早晚浇水一次，并向叶面喷雾，保持湿润；春秋季，要保持土壤不发干，可以向地面洒水以提高空气湿度；冬季每隔2～3天浇水一次。

施肥 南天竹喜肥，生长期每隔半个月施一次稀薄饼肥水，两个月浇一次硫酸亚铁水。幼苗期施液肥宜淡不宜浓，成株期可稍浓些。

修剪方法 南天竹修剪在冬季植株进入休眠或半休眠期时进行，剪除根部萌生枝条、密生枝条，剪去果穗较长的枝干，留1～2枝较低的枝干，以保株形美观。

繁殖 南天竹的繁殖以播种、分株为主，也可扦插。播种可于果实成熟时随采随播，也可春播。分株宜在春季萌芽前或秋季进行。扦插以新芽萌动前或夏季新梢停止生长时进行。

病虫防治 南天竹病害主要是红斑病和炭疽病，要及时清除病叶，可烧毁或掩埋，发病时可喷洒托布津可湿性粉剂液；虫害主要是尺蠖，可用敌百虫防治。

尺蠖

种植步骤

1. 选择要进行分株的植株。
2. 取出植株。
3. 整个根部浸在水中，抖落旧土。
4. 切分根茎。
5. 植入土中。

观花植物
为悠闲生活增添无限色彩

茶花

科 / 山茶科

属 / 山茶属

别名 / 玉茗花、耐冬

形态特征

茶花为常绿灌木，嫩枝、嫩叶；单叶互生，叶片薄革质，椭圆形或倒卵状椭圆形；花两性，有红、白、黄等颜色，芳香，圆形，被微毛，边缘膜质；蒴果近球形或扁形，果皮革质，较薄。

栽培日历

月	1月	2月	3月	4月	5月	6月	7月	8月	9月	10月	11月	12月
日照	通风透光处					遮阴处			通风透光处			
浇水	保持盆土湿润											
施肥	每17天施一次薄肥水					施磷钾肥				开花前施矾肥水，开花时再施速效磷钾肥		
繁殖			扦插					扦插				

栽培要求

土壤 茶花喜酸性、透气性良好的土壤。

水分 茶花浇水保持盆土湿润即可，忌积水或浇半截水。

温度 茶花生长适温为18～25℃，29℃以上时停止生长，35℃时叶子会有焦灼现象。

放置场所 盆栽茶花冬季应入室置于通风透光处，夏季应出房置于荫棚或其他可遮阴处。茶花忌乱移动位置，否则对其生长不利。

栽植 茶花栽植南方地区可用山泥土，北方地区宜用腐叶土、堆肥土、沙土按比例混合成的盆土，每2～3年在开花后进行一次换盆，换盆时剪去长枝、枯枝。换盆后不宜马上施肥，盛夏、严冬不宜换盆。

茶花放置在窗台通风处

日常管理

浇水 茶花浇水，春季，每天浇水一次，浇水量以保持盆土湿润为度；夏季，需每天早晚各浇一次，因为夏季天气炎热，水分蒸发过快，所以以盆土浇透为好；秋季，和春季相同；冬季，每3～5天浇一次，忌积水，以盆土湿润为宜。

施肥 茶花忌施浓肥，春季萌芽后，每17天施一次薄肥水（浓度低的肥水混合液），夏季施磷钾肥，初秋停肥1个月，开花前施矾肥水，开花时再施速效磷钾肥。

修剪方法 茶花修剪在新芽萌发前1个月左右进行，主要剪去干枯枝、病弱枝、交叉枝、过密枝，以及影响树形的枝条和多余的花蕾。

茶花修剪

POINT 绿植小百科

茶花都有哪些品种?

茶花品种大约有2000种，可分为3大类，12个花型。常见的有石榴茶、一捻红、照殿红、晚山茶、玛瑙茶、鹤顶红、宝珠茶、蕉萼白宝珠、杨妃茶、正宫粉、南山茶等。从外观看，有单瓣、半重瓣、重瓣、曲瓣、五星瓣、六角形、松壳形等。花色有红、黄、白、粉，甚至白瓣红点等。

繁殖 茶花多用扦插法繁殖，一般在在春秋两季进行，选择生长良好的半木质化枝条，除去基部叶片，保留上部3片叶，用利刃将枝条切成斜口，消毒，插入沙盆，插后浇水，40天左右伤口愈合，60天左右就会生根。

病虫防治 茶花病虫害以藻斑病、叶枯病、卷叶蛾、造桥虫为主，可用氯氰菊酯或久效磷加水稀释喷雾防治。

步骤1

造桥虫病

步骤2

叶枯病

步骤3

种植步骤

1. 选择插穗。
2. 切取枝条。
3. 插入准备好的沙盆中。

科 / 木犀科

属 / 素馨属

别名 / 茉莉、香魂、莫利花

茉莉花

栽培日历

月	1月	2月	3月	4月	5月	6月	7月	8月	9月	10月	11月	12月
日照	阳光充足处					忌暴晒			阳光充足处			
浇水	停止浇水		保持盆土湿润，环境喷水加湿								停止浇水	
施肥						每周施肥一次						
繁殖				压条								

形态特征

茉莉花为直立或攀缘灌木植物，茎圆柱形或稍压扁状，疏被柔毛；叶片为单叶，对生，纸质，呈圆形、椭圆形、卵状椭圆形或倒卵形；聚伞花序顶生，白色，花萼无毛或疏被短柔毛，裂片线形，花极芳香；果为球形，呈紫黑色。

栽培要求

土壤　茉莉花喜含腐殖质的微酸性沙质土壤。

水分　应根据茉莉花喜湿润、不耐旱、怕积水、喜透气的特性，掌握浇水时间和浇水量。

温度　茉莉花喜热不耐寒，生长适温为22～30℃，5℃以下要注意防冻。

放置场所　茉莉花需搬入室内过冬，宜放置在阳光充足的房间里，可放在客厅、卧室等阳光能照射到的地方，或者是放在阳台。

栽植　茉莉花盆栽可用园土和腐叶土混合的基质土，春季上盆，一手扶苗，一手填土，栽好后浇定根水，将盆土全部浇透，之后置于遮阴处7～10天，再逐渐见光。

茉莉花放在餐厅

茉莉花放在客厅

日常管理

浇水 茉莉花生长期应每天向叶面及周围喷水3～4次，以提高空气湿度。天气转冷进入休眠期后应停止浇水。

施肥 茉莉花喜肥，花期在6～9月，需每周施一次含磷的液肥（可用腐熟的豆饼加水稀释，也可用鱼腥水肥液或硫酸铵等）。

修剪方法 茉莉花修剪应在晴天进行，可结合疏叶，将病枝去掉，并对植株加以调整，以利生长和孕蕾开花。

茉莉花修剪

POINT 绿植小百科

茉莉花的药用价值有哪些？

茉莉花的香气有清洁呼吸道、静心安神的功效。用糯米80克，加水煮成粥后，加入葡萄干15克、茉莉花20克，稍微煮一下再食用，有助补肝益肾。

繁殖 茉莉花多用压条法繁殖，在选定的枝条上剥去约1厘米宽的外皮，涂抹一些有促进生根作用的植物生长剂，注意经常保湿，2～3周开始生根，2～3个月之后沿着根的下端切去压条，将压条盆栽，成为新株。

病虫防治 茉莉花主要虫害有卷叶蛾和红蜘蛛，对卷叶蛾可用三唑锡可湿性粉剂，对红蜘蛛宜用三氯杀螨醇。

卷叶蛾

种植步骤

1. 压条。
2. 生根。
3. 切去压条，盆栽成为新株。

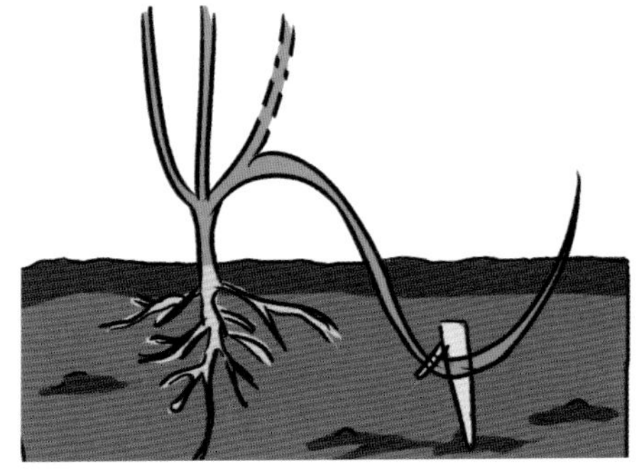

步骤1

步骤2

步骤3

科 / 锦葵科

属 / 木槿属

别名 / 赤槿、扶桑

朱槿

栽培日历

月	1月	2月	3月	4月	5月	6月	7月	8月	9月	10月	11月	12月
日照	光线明亮处					忌暴晒			光线明亮处			
浇水	减少浇水		每天浇水一次，以浇透为度			每天早、晚各浇水一次，并对地面多次喷水			每天浇水一次，以浇透为度			减少浇水
施肥				上盆施基肥，之后每个月追2~3次液肥								
繁殖			扦插									

形态特征

朱槿为常绿灌木，小枝圆柱形，疏被星状柔毛；叶阔卵形或狭卵形，先端渐尖，基部圆形或楔形；花单生于上部叶腋间，常下垂，花冠漏斗形，玫红色或淡红、淡黄等色，花瓣倒卵形，先端圆，外面疏被柔毛，花期为全年。

栽培要求

土壤 朱槿喜疏松肥沃、排水良好的微酸性壤土或黏土壤。
水分 朱槿喜湿润，浇水要充足。
温度 朱槿喜温暖，生长适温为15～22℃。越冬温度要求不低于5℃，以免遭受冻害，不高于15℃，以免影响休眠。
放置场所 朱槿花色鲜艳，花大形美，品种繁多，是著名的观赏花木。盆栽朱槿入室后要注意通风和适当光照，宜于客厅、阳台等处摆放。
栽植 朱槿盆栽用土宜选用疏松、肥沃的沙质壤土，施足基肥，盆底略加磷肥。花盆要选用适合成活苗大小的瓦盆，上盆前先将花盆的排水孔用碎瓦片垫好，然后栽苗、填土、压实、浇水，置于阴凉处。

朱槿放在阳台

POINT 绿植小百科

朱槿的主要价值有哪些?
朱槿不但是重要的观赏植物，而且有很高的营养价值，其嫩叶可作为菠菜的代替品，且朱槿花也能被制成腌菜，以及用于染色蜜饯和其他食物，其根部也可食用，但因为纤维多且带黏液，所以食用的人较少。在中医而言，朱槿的花性味甘寒，有凉血、解毒、利尿、消肿、清肺、化痰等功效，可辅助治疗急性结膜炎、尿路感染、流鼻血、月经不调、肺热咳嗽、腮腺炎、乳腺炎等病症。

日常管理

浇水 朱槿春秋季每天浇水一次，以浇透为度；夏季每天早、晚各浇水一次，并需对地面多次喷水，以降低温度、增加空气湿度，防止花叶早落；冬季则减少浇水，以使其安全过冬。

施肥 朱槿盆植时，要施猪干粪肥，可与磷肥、腐熟堆肥适量拌合作为基肥，此外每个月还需追施以尿素水溶液及磷肥为主的淡薄肥2～3次。多雨季节可改施复合颗粒肥于根部。

修剪方法 朱槿于早春出房前后进行修剪整形，各枝除基部留2～3个芽外，上部全部剪掉，修剪可促使其发新枝，长势将更旺盛，株形也更美观。

繁殖 朱槿以扦插繁殖为主，插穗选择一年生的健壮枝条，剪取10厘米左右，切口要平滑。然后将选择好的插穗插入准备好的基质中，插后喷水，随手扶直倾倒的插条，并将其安置在有阳光的温暖处。

朱槿修剪

步骤1

步骤2

种植步骤

1. 剪取插穗。
2. 插入基质中。

病虫防治 朱槿易生叶斑病、炭疽病和煤污病，可用甲基托布津可湿性粉剂液喷洒。虫害主要有蚜虫、绵粉蚧、红蜘蛛、刺蛾，可用除虫精乳油液喷杀。

绵粉蚧

蚜虫

科 / 锦葵科

属 / 蜀葵属

别名 / 一丈红、大蜀季、戎葵、吴葵

蜀葵

栽培日历

月	1月	2月	3月	4月	5月	6月	7月	8月	9月	10月	11月	12月
日照	通透的散射光处					适当遮阴			通透的散射光处			
浇水	干透浇透				保持盆土湿润						干透浇透	
施肥				每个月施一次肥								
繁殖								播种、分株				

形态特征

蜀葵为二年生草本植物；茎直立生长，密被刺毛；花簇生或单生，有紫、红、白、粉红等色。

日常管理

温度 生长适温为10~20℃。

光照 夏季的高温和强光易灼伤花卉，所以要进行适当的遮阴，保持通透的散射光条件即可。

浇水 干旱时及时浇水，并喷洒水雾以降温。秋末下霜前，需保持盆土湿润，经常通风、喷水，且温度不宜过高。

施肥 春季气温上升后，植株对水肥的需求要逐渐增加，应注意盆土的干湿情况和肥料的补充。

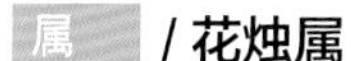

科 / 天南星科

属 / 花烛属

别名 / 安祖花、红鹤芋

火鹤花

栽培日历

月	1月	2月	3月	4月	5月	6月	7月	8月	9月	10月	11月	12月
日照	通透的散射光处				忌阳光直射					通透的散射光处		
浇水	保持土壤湿润					保持土壤湿润并喷雾加湿				保持土壤湿润		
施肥	每5~7天施肥一次		每3天施肥一次			每两天施肥一次			每3天施肥一次			
繁殖			播种、分株和扦插									

形态特征

火鹤花为多年生常绿草本植物，花朵独特，佛焰花序，色彩丰富；叶形苞片，常见的苞片颜色有红、白等。

日常管理

温度 火鹤花生长适温为26~32℃。

光照 火鹤花较耐阴，忌阳光直射，需要给予适当的光照。

浇水 火鹤花浇水，春秋季，每4~5天浇一次透水。夏季，每2~3天浇一次水，并向叶面和周围喷雾、洒水。冬季，上午9时至下午4时浇水，以免冻伤根系。

施肥 火鹤花施肥，肥料往往结合浇水一起施用，可选用复合肥溶于水后的液肥。春季、秋季每3天施一次液肥，夏季每两天施一次，冬季每5~7天施一次。

科 / 天南星科

属 / 马蹄莲属

别名 / 慈姑花、水芋马

马蹄莲

栽培日历

月	1月	2月	3月	4月	5月	6月	7月	8月	9月	10月	11月	12月
日照	阳光充足的环境					遮阴养护			室内明亮处			
浇水	干透浇透	保持盆土湿润				干透浇透		保持盆土湿润			干透浇透	
施肥		每10天左右增施一次氮磷钾混合的稀薄液肥						每隔20天施一次液肥				
繁殖								分株				

形态特征

马蹄莲为多年生草本植物，具块茎；叶从基部生长，具有叶柄；花为漏斗状，花色有白、黄、红等。

日常管理

温度 马蹄莲喜温暖，不耐寒，生长适温为15~25℃。

光照 马蹄莲喜阳光充足的环境。

浇水 马蹄莲浇水太少，叶柄会因失水而易折断；浇水太多，根系又易腐烂，所以需适度浇水，生长期要保持盆土湿润。

施肥 马蹄莲除栽植前施基肥外，生长期每隔20天追施一次液肥，可用腐熟的饼肥水，生长旺季每隔10天左右增施一次氮磷钾混合的稀薄液肥。

科 / 石蒜科

属 / 君子兰属

别名 / 大叶石蒜、剑叶石蒜

君子兰

栽培日历

月	1月	2月	3月	4月	5月	6月	7月	8月	9月	10月	11月	12月
日照			隔布艺窗帘				适当遮阴				隔布艺窗帘	
浇水							保持盆土湿润					
施肥			施适量液肥								施适量液肥	
繁殖				分株					分株			

形态特征

君子兰为多年生草本植物，茎基部宿存的叶基呈鳞茎状，基生叶质厚，深绿色，有光泽，带状；花直立向上，花被宽漏斗形，橘红色，内侧略带黄色；花期为春夏季，有时冬季也可开花。

栽培要求

土壤 君子兰喜深厚肥沃疏松的土壤。

水分 君子兰具有发达的肉质根，根内可以存蓄水分，比较耐旱。

温度 君子兰既怕炎热又不耐寒，生长适温为18～28℃，5℃以下、30℃以上生长受抑制。

放置场所 君子兰具有常年翠绿、耐阴性强、适合室内栽培等特性，是装饰厅、堂、馆、所等的理想植物。

栽植 君子兰春秋两季换盆时，选用含腐殖质丰富的土壤，栽培一年生苗可用3寸盆，换盆时可换成5寸盆，每1～2年换入大一号的花盆，换盆时要加入腐熟的饼肥。

步骤1

换盆步骤

1. 从旧盆中取出植株。
2. 选择将要使用的花盆。
3. 加入基质，将所选植株植入新盆。

步骤2

POINT 养花小窍门

君子兰烂根怎么办？

君子兰烂根是因为积水，可以按照以下措施补救：将盆土全部去除，用清水把根洗净，再用洁净的小刀将烂根去除；将根浸入稀释过的高锰酸钾中消毒，5分钟后用清水洗去消毒液，再蘸少量草木灰，置于阳台上把表面晾干后重新栽入新盆中即可。

步骤3

日常管理

浇水 君子兰叶片有蜡质层，水分的蒸发量很少，所以不宜浇水过多，只需结合施肥浇水，保持盆土湿润即可（切忌大水浸灌，否则会造成烂根死苗）。

施肥 君子兰一般在春、秋、冬季节施用液肥，但要适量，浓度过大容易烧根。在底肥薄淡的前提下可以在浇水时随水带入液肥。入伏后不宜施加任何肥料，秋季则宜施些腐熟的动物毛、角、蹄或豆饼的浸出液。

修剪方法 君子兰要及时剪去枯黄叶，避免消耗过多的养分，修剪前要先将剪刀消毒，修剪后注意切勿淋雨或喷水，防止烂叶（不可剪成一个直平头，要以叶端呈尖状为宜）。

繁殖 君子兰家庭盆栽多用分株法，先准备好瓦盆、腐殖土，备少许干木炭粉和切割用的刀，找出可以分株的腋芽，用刀割下子株并立即用干木炭粉涂抹伤口，吸干流液、防止腐烂，之后将子株上盆种植。种植时深度以埋住子株的基部鳞茎为度，靠苗株的部位要略高一些，最后盖上经过消毒的沙土。种好后随即浇一次透水，待到两星期后伤口愈合时再加盖一层培养土。一般1～2个月后生出新根，1～2年开花。

病虫防治 君子兰的常见病虫害有白绢病、软腐病、炭疽病、介壳虫等。白绢病治疗要在植株茎基部及基部周围土壤上施用多菌灵粉剂，每周一次，2～3次即可。发现软腐病应立即把病株分开，用消毒刀刮去腐烂部分，并保持通风干燥。炭疽病治疗要用炭疽福美喷洒，约6天喷一次，喷3～5次即可见效。介壳虫则可人工刮除或用亚胺硫磷喷杀。

步骤1

步骤2

步骤3

种植步骤

1. 找出可以分株的腋芽。
2. 割下子株。
3. 上盆。

科 / 蔷薇科

属 / 蔷薇属

别名 / 月月红、长春花、四季花

月季花

栽培日历

月	1月	2月	3月	4月	5月	6月	7月	8月	9月	10月	11月	12月
日照		室内隔玻璃				阳光照射处					室内隔玻璃	
浇水							干透浇透					
施肥						每隔10天追施一次薄肥						
繁殖						扦插						

形态特征

月季花为常绿或半常绿灌木，茎直立；小枝铺散，绿色，无毛，具弯刺或无刺；羽状复叶，小叶片宽卵形至卵状椭圆形；花生于枝顶，花朵常簇生，稀单生，花色甚多，色彩缤纷。

栽培要求

土壤 月季花喜疏松肥沃、排水良好、微带酸性的沙壤土。

水分 月季花开花次数多，需要的水分亦多，所以在花期要充分浇水。

温度 月季花耐高温，22～42℃可正常生长。

放置场所 月季花因其攀缘生长的特性，主要用于垂直绿化，在园林街景中具有独特的作用。它不但可以被制成各种拱形、网格形的花柱，成为联系建筑与园林的巧妙“纽带”，也可以被制成盆景，置于客厅、卧室、书房等地，让居家环境变得温馨、舒适。

栽植 月季花栽植，盆土可用富含腐殖质的、疏松的黄土，拌以少许蚕豆壳、豆饼或鸡粪等富含氮磷钾的营养基肥。每年需换盆一次，宜在春季芽未萌动时进行，此时月季花还处于休眠期，适合换盆。

月季花拱形花柱

月季花放在客厅

日常管理

浇水 月季花适应性强，属于耐旱花卉，浇水遵循“不干不浇、干后必浇、浇则浇透”的原则即可。

施肥 月季花开花次数多，在花期应每隔10天追施一次薄肥，可将豆饼、禽粪用水浸泡，经封闭发酵后掺水做成追肥，11月停止追肥。

修剪方法 月季花开花后应将花下第三片复叶以下剪掉，以促发壮实新枝，及早现蕾开花。弱短枝先剪、高剪；健壮枝后剪、短剪，以促弱抑强，促其开花整齐。长枝条修剪长度不宜超过½，避免腋芽萌发迟缓。

繁殖 月季花常用扦插法繁殖，可结合修剪进行。选取一年生木质化的枝条作为插穗，除去基部叶片，保留上部2～3片叶，用塑料绳绑好，以减少水分蒸发，然后插入沙盆，置于半阴环境中2～3周即可生根。

病虫防治 月季花容易得黑斑病、白粉病、叶枯病，黑斑病可喷施多菌灵、甲基托布津等；白粉病可喷施多菌灵、三唑酮；叶枯病发病时应采取综合防治，加强肥水管理、修剪病枝病叶、清除落叶、喷施甲基托布津等杀菌药剂。

步骤1

步骤2

步骤3

月季修剪

POINT 绿植小百科

月季花的主要价值有哪些？

月季花不仅是花期绵长、芬芳色艳的观赏花卉，而且是一味妇科良药。中医认为，月季花味甘、性温，入肝经有活血调经、消肿解毒的功效。由于月季花的祛瘀、行气、止痛作用明显，故常被用于治疗月经不调、痛经等症。

种植步骤

1. 选择一年生木质化枝条。
2. 保留上部2~3片叶子。
3. 插入沙盆。

科 / 蔷薇科

属 / 蔷薇属

别名 / 离娘草、徘徊花

玫瑰

栽培日历

月	1月	2月	3月	4月	5月	6月	7月	8月	9月	10月	11月	12月
日照	阳光直射					忌暴晒			阳光直射			
浇水	干透浇透			保持盆土湿润							干透浇透	
施肥	施腐熟的厩肥加腐叶土		盆内施适量有机肥						施腐熟的饼肥			施厩肥
繁殖				扦插、嫁接、压条								

形态特征

玫瑰为落叶灌木，枝上多针刺，羽状复叶，小叶有5～9片，叶片下端发皱，叶边有小刺；花单生于叶腋，或数朵簇生，花瓣倒卵形，重瓣至半重瓣，有淡淡香气，颜色有紫红、白等。

日常管理

温度 玫瑰生长适温为12～28℃。

光照 玫瑰喜光照，每天要接受4小时以上的直射阳光，不能在室内光线不足的地方长期摆放。

浇水 玫瑰较耐旱，每1～2天浇一次水，以土壤湿润为宜，春旱或炎夏时可每天浇一次水，浇水时忌淋湿玫瑰的茎。

施肥 玫瑰盆内施适量有机肥，春芽萌发前施腐熟的厩肥加腐叶土，花谢后施腐熟的饼肥，入冬后施厩肥。

科 / 苦苣苔科

属 / 大岩桐属

别名 / 六雪尼、落雪泥

大岩桐

栽培日历

月	1月	2月	3月	4月	5月	6月	7月	8月	9月	10月	11月	12月
日照	室内隔玻璃		阳光照射处								室内隔玻璃	
浇水	保持干燥		干透浇透								保持干燥	
施肥			每半个月施一次麸饼水或者复合肥，在花期（3~8月）时需要增施磷钾肥									
繁殖				播种、分株、扦插								

形态特征

大岩桐为多年生草本植物，具有扁圆的块茎，叶为卵圆形，花冠呈阔钟形，裂成5裂，花色有红、紫、粉等。

日常管理

温度 大岩桐喜温暖，生长适温为20～25℃，气温下降到5℃时会休眠，气温高达30℃以上时也会呈半休眠状态。

光照 大岩桐喜欢阳光充足的环境，稍耐半阴。

浇水 大岩桐春季每周要浇2~3次。夏季高温少浇水，盆干浇水。秋季控制浇水量，使植株逐渐进入休眠期。叶片枯黄掉落后，少浇水甚至停止浇水。冬季应保持干燥。

施肥 大岩桐喜肥，定植成功后每半个月施一次麸饼水或者复合肥，在花期时需要增施磷钾肥。

科 / 杜鹃花科

属 / 杜鹃属

别名 / 山石榴、山踯躅、映山红

杜鹃

栽培日历

月	1月	2月	3月	4月	5月	6月	7月	8月	9月	10月	11月	12月
日照	阳光散射的半阴环境											
浇水	干透浇透		保持盆土湿润							干透浇透		
施肥			每10天施一次薄肥,施2~3次		施肥5~6次，阴雨天可施干肥					施肥1~2次		
繁殖				扦插								

形态特征

杜鹃为落叶灌木，分枝多而纤细，密被亮棕褐色扁平糙伏毛；叶革质，常集生枝端，卵形、椭圆状卵形，或倒卵形，或倒卵形至倒披针形；花种类繁多，花色绚丽。

栽培要求

土壤 杜鹃喜含腐殖质、疏松湿润的酸性土壤。

水分 杜鹃喜湿润，因此要经常保持盆土湿润，但勿积水。

温度 杜鹃生长适温为15～25℃，可耐最高温度为32℃，低于5℃将停止生长。

放置场所 杜鹃置于室内要选择通风、半阴的地方。其艳丽的色彩能为温暖的家带来一抹亮丽的春色，可摆在客厅、书房或餐厅等地。

栽植 杜鹃栽植，盆土用腐叶土、沙土、园土混合，掺入饼肥、厩肥等，拌匀后进行栽植。一般春季3月上盆或换土，栽后压实、浇水。

杜鹃放在书房

杜鹃放在玄关

POINT 绿植小百科

杜鹃的功效及禁忌是什么？

杜鹃全株都可供药用，有行气活血、补虚的作用，可辅助治疗内伤咳嗽、肾虚耳聋、月经不调、风湿等病。根可利尿、祛风湿；叶可止血；果亦可入药。但是杜鹃的植株和花内又含有毒素，误食后会引起中毒。白色杜鹃的花中含有四环二萜类毒素，中毒后会引起呕吐、呼吸困难、四肢麻木等症状，所以在使用时一定要谨遵医嘱。

日常管理

浇水 栽植和换土后浇一次透水，使根系与土壤充分接触，杜鹃从3月开始进入生长期，要逐渐加大浇水量，9月以后减少浇水，冬季入室后则应盆土干透再浇。

施肥 杜鹃喜肥，春季出房后至花蕾吐花前每10天施一次薄肥，施2～3次；花谢后，在5～7月施肥5～6次；阴雨天可施干肥；入冬移到室内前，即植株停止生长前，应施肥1～2次。

修剪方法 杜鹃修剪一般在春、秋季进行，剪去病弱枝、过密枝、重叠枝、交叉枝，及时摘除残花，孕蕾期应及时摘蕾。

繁殖 杜鹃多用扦插法繁殖，选取当年生半木质化枝条为插穗，将扦插好的植株移入荫棚遮阴，温度控制在25℃左右，1个月左右即可生根。

病虫防治 杜鹃的主要病虫害有叶斑病和红蜘蛛两种，叶斑病的发病期在5～8月，可每隔两周喷施一次甲基托布津或代森锰锌；红蜘蛛病可用乐果、风雷激乳油等喷杀。

步骤1

步骤2

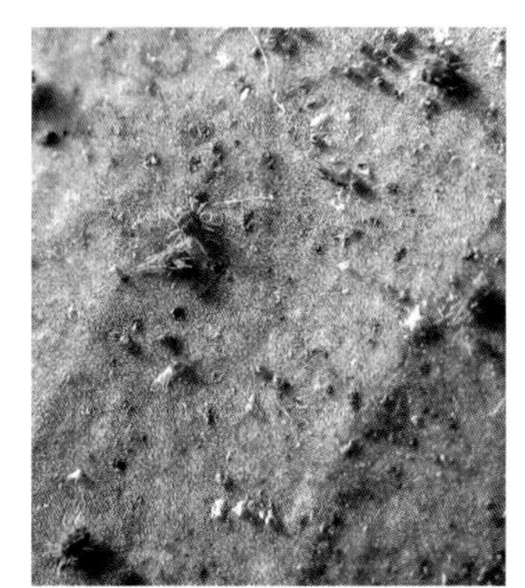

红蜘蛛

叶斑病

步骤3

步骤4

种植步骤

1. 选取插穗。
2. 剪去多余叶片。
3. 插入基质中。
4. 生根后移栽。

科 / 菊科

属 / 菊属

别名 / 寿客、金英、黄华

菊花

栽培日历

月	1月	2月	3月	4月	5月	6月	7月	8月	9月	10月	11月	12月
日照	室内隔透光玻璃			阳光充足处						室内隔透光玻璃		
浇水	保持盆土稍湿润		保持盆土湿润								保持盆土稍湿润	
施肥					在盆土中拌入腐熟的有机肥	每10～15天施用一次稀薄饼肥		每7天施用一次氮磷钾复合肥	施用2～3次磷酸二氢钾溶液			
繁殖				分株								

形态特征

菊花为多年生草本植物，茎色嫩绿或为褐色，除悬崖菊外多为直立分枝，基部半木质化；单叶互生，卵圆至长圆形，边缘有缺刻和锯齿；头状花序顶生或腋生，一朵或数朵簇生；舌状花为雌花，筒状花为两性花。

栽培要求

土壤 菊花喜疏松肥沃、排水良好的沙壤土。

水分 菊花浇水要适时适量，切忌直冲，避免盆泥溅到叶面。

温度 菊花喜凉，较耐寒，生长适温为18~21℃，可耐最高温度为32℃、最低温度为10℃。

放置场所 菊花是中国十大名花之一，也是花中四君子之一，更是家庭常见的盆栽植物，易养易活，可摆放在卧室、阳台等通风处。

栽植 菊花栽植可选择含腐殖质丰富的土壤为基质，于春末夏初时上盆，上盆时盆土不必填满，约占盆高的⅔即可，而后随着植株增大再逐渐填满盆土。

菊花放在卧室

菊花放在阳台

日常管理

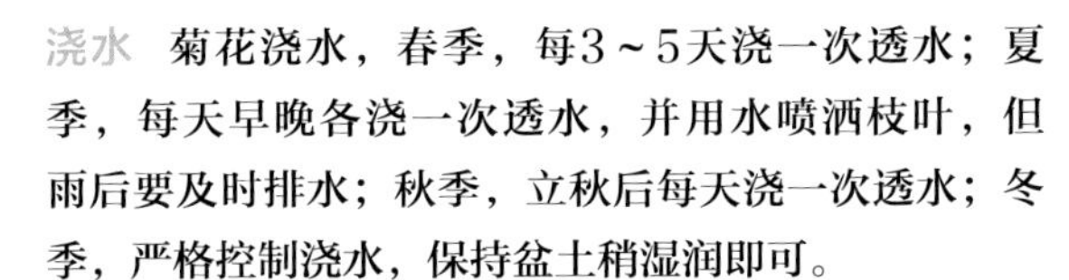

浇水 菊花浇水，春季，每3～5天浇一次透水；夏季，每天早晚各浇一次透水，并用水喷洒枝叶，但雨后要及时排水；秋季，立秋后每天浇一次透水；冬季，严格控制浇水，保持盆土稍湿润即可。

施肥 菊花喜肥，栽植时可在盆土中拌入腐熟的有机肥；夏季要薄肥勤施，每10～15天施用一次稀薄饼肥；孕蕾期，每7天施用一次氮磷钾复合肥；花苞期施用2～3次磷酸二氢钾溶液；开花后停止施肥。

修剪方法 摘心时要对菊花植株进行定型修剪，去掉过多枝、过旺枝及过弱枝，保留3～5枝即可。9月现蕾时，要摘去植株下端的花蕾，每个分枝上只留顶端一个花蕾。

繁殖 菊花宜在每年4～5月植株发出新芽时用分株法繁殖，将菊花全根挖出并抖掉旧土，顺着菊苗分开，每株上都要带有白根，根保留6～7厘米，地上保留16厘米左右，分出1～2株栽进盆土或土穴即可。

步骤1

种植步骤

1. 取出植株。
2. 抖落旧土。
3. 分株。
4. 植入土中。

步骤2

步骤3

步骤4

病虫防治 菊花易患锈病、黑斑病、灰斑病，锈病、灰斑病可以施用代森锌可湿性粉剂，黑斑病可用波尔多液喷洒。

锈病

灰斑病

POINT 绿植小百科

菊花的药用价值有哪些？

菊花具有平肝明目、散风清热、消咳止痛等功效，可用于辅助治疗头痛眩晕、目赤肿痛、风热感冒、咳嗽等症。将菊花、槐花一起用开水冲泡，代茶饮用，可辅助治高血压。此外，将白菊花与白糖一起用开水冲泡，代茶饮用，有助通肺气、止呃逆、清三焦郁火，风热感冒初起、头痛发热的患者可适量饮用。

科 / 堇菜科

属 / 堇菜属

别名 / 猫儿脸、蝴蝶花、人面花

三色堇

栽培日历

月	1月	2月	3月	4月	5月	6月	7月	8月	9月	10月	11月	12月
日照	充足的日光照射					忌暴晒			充足的日光照射			
浇水	保持土壤湿润偏干		保持土壤湿润								保持土壤湿润偏干	
施肥				增施磷钾肥			在土壤中埋入基肥				施麸饼水或者复合肥	
繁殖									播种			

形态特征

三色堇为二年或多年生草本植物；茎生叶，叶片卵形、长圆形，先端圆或钝，边缘具稀疏的圆齿或钝锯齿；花生于花梗顶端，上面的几瓣形似蝴蝶，下面的一瓣较大近圆形，花色富于变化，艳丽多姿。

日常管理

温度 三色堇在昼温15～25℃、夜温3～5℃的条件下发育良好。

光照 三色堇喜充足的日光照射，日照不足时开出的花也不好看。

浇水 夏季气温较高以及花期生殖生长旺盛时，浇水要浇够，应始终保持土壤的湿润。冬季气温较低时，要减少浇水量，保持土壤湿润偏干即可。

施肥 三色堇种植之前可以在土壤中埋入基肥，植株定植成功后可施麸饼水或者复合肥，在花期应增施磷钾肥。

科 / 唇形科

属 / 薰衣草属

别名 / 灵香草、香草、黄香草

薰衣草

栽培日历

月	1月	2月	3月	4月	5月	6月	7月	8月	9月	10月	11月	12月
日照	充足日照					适当遮阴			充足日照			
浇水	保持盆土偏干		保持盆土湿润			见干见湿			保持盆土偏干			
施肥				每半个月施一次磷钾肥		每个月施一次施麸饼或复合肥						
繁殖			播种、扦插						扦插			

形态特征

薰衣草为半灌木或矮灌木，叶线形或披针状线形；花萼卵状筒形或近筒形，花色以紫蓝色最为常见。

日常管理

温度　薰衣草喜温暖，但怕炎热，生长适温为15～25℃。

光照　薰衣草属长日照植物，生长发育期要求日照充足。

浇水　薰衣草春季换盆后，要保持盆土湿润，夏季高温天气要注意遮阴，保持通风，浇水要见干见湿。秋、冬季少浇水，保持盆土偏干。

施肥　薰衣草生长期可以施麸饼或复合肥，每月一次；孕蕾期可施磷钾肥，每半个月一次。

科 / 菊科

属 / 雏菊属

别名 / 马兰头花、延命菊

雏菊

栽培日历

月	1月	2月	3月	4月	5月	6月	7月	8月	9月	10月	11月	12月
日照			阳光充足处				适当遮阴				阳光充足处	
浇水							见干见湿，土壤快要干透时再浇水，使土壤湿润但不潮湿					
施肥			每隔10～15天施2～3次磷钾肥								每20~30天施一次复合肥	
繁殖								播种				

形态特征

雏菊为多年生草本植物，叶片基部簇生，叶子呈汤匙形；头状花序单生，花呈舌状、条形，白色最常见。

日常管理

温度 雏菊生长适温为18～22℃，5℃以上可安全越冬，10℃以上可正常开花。

光照 雏菊喜光照，也耐半阴的环境。

浇水 雏菊浇水见干见湿，土壤快要干透时再浇水，水量使土壤湿润但不潮湿即可，以防因积水导致通风不畅，造成烂根。

施肥 雏菊在生长期，每20～30天追施一次复合肥，进入花蕾期后每隔10～15天施磷钾肥2～3次，其他时期可以不用追肥。

科 / 菊科

属 / 瓜叶菊属

别名 / 黄瓜花、千日莲、千里光

瓜叶菊

栽培日历

月	1月	2月	3月	4月	5月	6月	7月	8月	9月	10月	11月	12月
日照			阳光充足处				适当遮阴或散光处				阳光充足处	
浇水							盆土快干时浇水，每次浇水应浇充足					
施肥	追施磷钾肥	每两周施一次麸饼水或者复合肥							每周施一次复合肥		每两周施一次麸饼水或者复合肥	
繁殖								播种				

形态特征

瓜叶菊为多年生草本植物，粗壮的茎直立生长，全株长有细小茸毛；花序密集覆盖于枝顶，花色丰富。

日常管理

温度 瓜叶菊喜温暖，生长适温为15℃左右。

光照 瓜叶菊平时放在阳光下养护，夏季高温时需遮阴或将花移到散光处养护。

浇水 瓜叶菊浇水要根据盆土干湿情况而定，盆土快干时浇水，2~3天一次。叶片又大又薄，蒸发较快，因此每次浇水应浇充足。

施肥 瓜叶菊喜肥，定植前每周施一次复合肥，定植后生长期每两周施一次麸饼水或者复合肥，孕蕾期可以追施磷钾肥。

科 / 兰科

属 / 蝴蝶兰属

别名 / 蝶兰

蝴蝶兰

栽培日历

月	1月	2月	3月	4月	5月	6月	7月	8月	9月	10月	11月	12月
日照	阳光散射的半阴环境											
浇水	隔周浇一次水		每天下午浇一次水			每天浇两次水			每天下午浇一次水			
施肥		每1~2周施一次磷钾肥					施用氮钾肥					
繁殖			分株				分株					

形态特征

蝴蝶兰茎很短，常被叶鞘所包；叶片稍肉质，常3～4片或更多，正面绿色，背面紫色，椭圆形、长圆形或镰刀状长圆形；花序侧生于茎的基部，不分枝或有时分枝，常具数朵由基部向顶端逐朵开放的花，花粉红色，花期长。

栽培要求

土壤 蝴蝶兰喜疏松肥沃、排水良好的土壤。

水分 蝴蝶兰浇水不宜过多、过勤，原则是见干见湿。

温度 蝴蝶兰生长适温为白天25～28℃，夜间18～20℃。小苗阶段生长适温为23℃。35℃以上或10℃以下，植株停止生长。

放置场所 蝴蝶兰喜通风、荫蔽的环境，但仍需接受部分光照，最好将其放在朝北朝东的书房或餐厅等能接受到散射光的地方。

栽植 蝴蝶兰盆栽基质必须疏松、排水、透气，常用苔藓、蕨根、树皮块或蛭石等。新株栽植后30～40天即可长出新根。

蝴蝶兰放在餐桌上

POINT 绿植小百科

不同颜色的蝴蝶兰，其花语有什么不同？

紫色蝴蝶兰：我爱你，幸福向你飞来；红色蝴蝶兰：仕途顺畅，幸福美满；条点蝴蝶兰：事事顺心，心想事成；黄色蝴蝶兰：事业发达，生意兴隆；迷你蝴蝶兰：快乐天使，活灵活现；白花蝴蝶兰：爱情纯洁，友谊珍贵；红心蝴蝶兰：鸿运当头，永结同心。

日常管理

浇水 蝴蝶兰在新根生长旺盛期要多浇水，花后休眠期少浇水。春秋两季每天下午5点前后浇一次水；夏季植株生长旺盛，每天上午9点和下午5点各浇一次水；冬季隔周浇一次水已足够，宜在上午10点左右进行。

施肥 蝴蝶兰施肥原则为“薄肥勤施”，切忌过浓化肥。生长期施用氮钾肥；催花期施用磷钾肥，每1～2周施用一次即可；开花期、休眠期不施肥，花期前后需要适量补施。

修剪方法 当花枯萎后，须尽早将其剪掉，以减少养分的消耗，然后再将花茎从基部剪去。

繁殖 蝴蝶兰多用分株法繁殖，宜在春季新芽萌发前或开花后结合换盆进行，此时养分集中，抗病能力强。首先将母株从盆中托出，借助小木棍将根下部旧土抖掉，再用小剪刀将弱根、病根剪除，然后选取根系健壮的植株，将其切下培育成新的植株即可。

病虫防治 蝴蝶兰的病虫害与环境及卫生状况有很大关系，在低温或日照不足的情况下很容易发生病害，所以要定期进行环境清扫、控制温室状况，一旦发生病害，立即移除病株，以防止病害传播。

种植步骤

1. 取出母株，剪去弱根、病根。
2. 挑选根系健壮的植株。
3. 栽植。

步骤1

步骤2

步骤3

 / 兰科

 / 兰属

别名 / 蝉兰

大花蕙兰

栽培日历

月	1月	2月	3月	4月	5月	6月	7月	8月	9月	10月	11月	12月
日照	充足日照					适当遮阴			充足日照			
浇水	盆土不可过干，浇水一次浇透					每天浇水2～3次			盆土不可过干，浇水一次浇透			
施肥				每个月施一次以6∶4比例混合的豆饼和骨粉					每个月施两次磷钾液肥			
繁殖				分株					分株			

形态特征

大花蕙兰为常绿附生草本植物，假鳞茎粗壮，叶片呈长披针形；花序有垂吊型和直立型等，花色有红、黄等。

日常管理

温度 大花蕙兰生长适温为10～25℃。

光照 大花蕙兰喜光照，也耐半阴的环境。

浇水 大花蕙兰生长期盆土不可过干，通常浇水时要一次浇透，直到盆底排水孔有水流出来为止。夏季高温时要特别注意保湿，一天通常要浇2～3次。

施肥 大花蕙兰喜肥，4～7月可施以6∶4比例混合的豆饼和骨粉，每月一次；9～10月可每个月施用两次磷钾液肥；冬季不施肥。

/ 兰科

/ 兰属

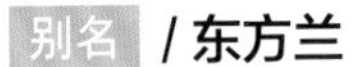

/ 东方兰

国兰

栽培日历

月	1月	2月	3月	4月	5月	6月	7月	8月	9月	10月	11月	12月
日照	保证每天接受4小时左右光照				忌阳光直射					保证每天接受4小时左右光照		
浇水	保持土壤湿润											
施肥			追施叶面肥		每隔十几天施一次有机肥							
繁殖			分株						分株			

形态特征

国兰为多年生草本植物，根呈长筒状，叶自茎部簇生，呈线状披针形，2～3片成一束，姿态优美端庄。

日常管理

温度 国兰生长适温为12～28℃。

光照 国兰对光照要求不高，但要保证每天接受4小时左右的光照，宜摆放于室内近窗户处。

浇水 春秋季早8～9点浇一次水，盆土湿润即可。夏季早5～6点或晚6～8点浇一次水，盆土湿润即可。冬季晴天中午浇一次水，忌积水，以盆土湿润为宜。

施肥 勤施有机肥，每隔十几天施一次，生长期可根外追施叶面肥。

 / 鸢尾科

 / 香雪兰属

别名 / 香雪兰

小苍兰

栽培日历

月	1月	2月	3月	4月	5月	6月	7月	8月	9月	10月	11月	12月
日照			阳光充足的环境				避免强光直射				阳光充足的环境	
浇水						保持土壤湿润						
施肥	每个月追施磷钾肥一次								每个月施肥2~3次		每20~30天施一次复合肥	
繁殖					播种			分球				

形态特征

小苍兰为多年生草本植物，叶片为黄绿色，茎直立，穗状花序，花色有黄、白、红、紫、粉红等。

日常管理

温度 小苍兰喜温暖，但怕高温，生长适温为15~25℃。

光照 小苍兰喜阳光充足的环境，但不能在强光下生长。

浇水 小苍兰喜欢湿润的环境，在生长初期浇水使土壤处于湿润的状态即可，炎日的夏季可每天傍晚浇一次水，白天可以喷些喷雾，雨天的时候注意不要让植株淋雨，以防腐烂。

施肥 小苍兰生长初期一般每个月施肥2~3次，进入生长旺盛期后每20~30天施一次复合肥，花蕾期追施磷钾肥。

石斛兰

科 / 兰科

属 / 石斛属

别名 / 林兰、禁生、杜兰

形态特征

石斛兰为多年生草本附生类植物，长棒状的茎直立生长，革质叶为长圆形，花颜色艳丽，造型美观。

日常管理

温度 石斛兰喜温暖，不耐寒，生长适温为18～30℃。

光照 石斛兰喜半阴的环境。

浇水 石斛兰浇水见干则浇，一次浇透，但勿使土壤过湿，保持湿润即可，阴雨天注意防止积水。

施肥 石斛兰生长初期一般不用施肥，进入生长旺盛期后每20～30天施一次复合肥，花蕾期追施磷钾肥。

栽培日历

月	1月	2月	3月	4月	5月	6月	7月	8月	9月	10月	11月	12月
日照	阳光散射的半阴环境											
浇水	保持土壤稍湿润		见干则浇，一次浇透，保持土壤湿润								保持土壤稍湿润	
施肥	每个月追施磷钾肥一次									每20~30天施一次复合肥		
繁殖			分株									

美人蕉

科 / 美人蕉科

属 / 美人蕉属

别名 / 红艳蕉、大花美人蕉

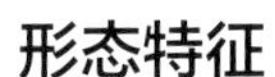

形态特征

美人蕉为多年生球根草本花卉，根茎肥大，地上茎肉质，不分枝；茎叶具蜡质白粉，叶互生，宽大，卵状长圆形；总状花序自茎顶抽出，花瓣直伸，具2～3枚瓣化雄蕊；花期北方为6～10月，南方全年。

栽培日历

月	1月	2月	3月	4月	5月	6月	7月	8月	9月	10月	11月	12月
日照	光照充足的环境											
浇水	见干见湿		保持土壤湿润							见干见湿		
施肥			每个月追施3~4次稀薄饼液肥									
繁殖			块茎繁殖									

栽培要求

土壤 美人蕉喜疏松肥沃、排水良好的沙质土壤，或肥沃黏质土壤。

水分 盆土以潮润为宜，土壤过湿易烂根。

温度 美人蕉生长适温为22～25℃，在5～10℃时将停止生长，低于0℃时就会出现冻害。

放置场所 美人蕉花色丰富、艳丽，适合盆栽，可放在卧室、餐厅、客厅、阳台等地，为家增添一抹亮丽的“风景”。

栽植 美人蕉栽植一般在春季4月上、中旬进行。地栽多用穴植，盆土要用腐叶土、园土、泥炭土、山泥等富含有机质的土壤混合拌匀配制，每个穴中的根茎有2～3个芽，相隔一定间距，栽后覆土8～10厘米厚。

美人蕉放在客厅

美人蕉放在阳台

日常管理

浇水 美人蕉栽植后未长出新根的，要少浇水，宜5～7天一浇，花葶（指无茎植物从地表抽出的无叶花序梗）长出后要经常浇水，保持盆土湿润，冬季应减少浇水，可半个月一浇。

施肥 美人蕉除栽植前要施足基肥外，生长旺季每个月应追施3～4次稀薄饼液肥。

修剪方法 美人蕉开花后随时剪去花茎，以减少养分消耗，促使其连续开花。

繁殖 美人蕉可以用播种繁殖和块茎繁殖，播种法一般在培育新品种或大规模繁殖才使用。一般常用块茎繁殖，在3～4月进行。首先将老根茎挖出，分割成块状，每块根茎上保留2～3个芽，并带有根须，栽入土壤中大约10厘米深，浇足水即可，新芽长出1～2片叶子时即可出苗。

病虫防治 美人蕉常发生花叶病和芽腐病，一旦发生花叶病，应及时拔出销毁，并及时摘除叶苞、杀死幼虫；芽腐病早期可喷施波尔多液、可杀得可湿性粉剂或络氨铜水剂等。

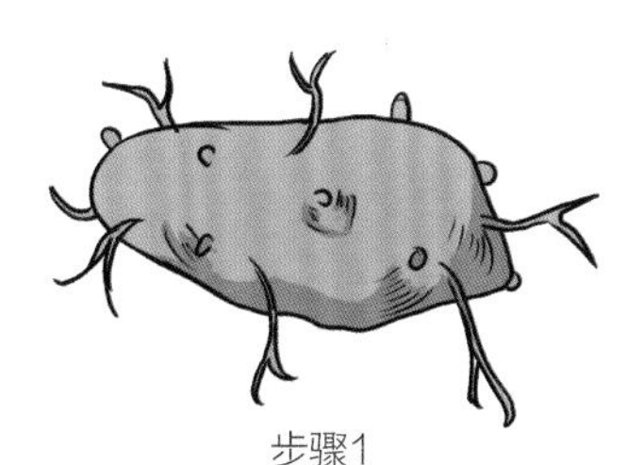

步骤1

步骤2

步骤3

步骤4

种植步骤

1. 挖出老根茎。
2. 将老根茎分割成块状，每块上保留2～3个芽，并带有根须。
3. 栽入土壤。
4. 生根。

POINT 绿植小百科

美人蕉有净化环境的作用吗？

美人蕉不仅能美化人们的生活，还能吸收二氧化硫、氯化氢及二氧化碳等有害物质，且抗性较好，叶片虽易受害，但在受害后能重新长出新叶，并很快恢复生长。由于美人蕉的叶片易受害，反应敏感，所以被人们称为监视有害气体的活的监测器，具有净化空气、保护环境的作用，是绿化、美化、净化环境的理想花卉。

科 / 木兰科

属 / 木兰属

别名 / 木兰、玉兰花、玉树

玉兰

栽培日历

月	1月	2月	3月	4月	5月	6月	7月	8月	9月	10月	11月	12月
日照	散射光下的通风阴凉处					忌强光暴晒			散射光下的通风阴凉处			
浇水	见干则浇		保持土壤湿润，没有积水								见干则浇	
施肥					施肥一次						施肥一次	
繁殖				压条								

形态特征

玉兰为落叶乔木，小枝灰褐色，顶芽与花梗密被灰黄色长绢毛，叶纸质，宽倒卵形至倒卵形，花白如玉，清香怡人。

栽培要求

土壤 玉兰喜肥沃、排水良好的微酸性沙质土壤，在弱碱性土壤上亦可生长。

水分 玉兰既不耐涝也不耐旱，所以要使土保持湿润而没有积水。

温度 玉兰有较强的耐寒能力，在零下20℃的条件下仍可安全越冬。

放置场所 玉兰喜光，幼树较耐阴，不耐强光和日晒。宜置于室内盆栽，最好放在卧室、餐厅、客厅、阳台等通风阴凉处。

栽植 玉兰盆栽以泥土为基质，上盆宜在早春发芽时或秋季花谢之后展叶之前，栽植玉兰的根需带泥团，栽好后，封土压实，并浇透水。

玉兰放在阳台

POINT 绿植小百科

玉兰有哪些价值?

玉兰的花中含有挥发油，主要是柠檬醛、丁香油酸等，还含有生物碱、木兰花碱、望春花素、癸酸、芦丁、油酸、维生素A等成分，具有一定的药用和食用价值。其性味辛、温，有祛风散寒、通窍、宣肺通鼻的作用，可用于辅助治疗头痛、血瘀型痛经、鼻塞、鼻窦炎、过敏性鼻炎等症，但要遵医嘱。还可加工制成小吃，如玉兰花沙拉、玉兰花素什锦、玉兰花蒸糕、玉兰花熘肉片等，鲜美可口，沁人心脾，也可用来泡茶。

日常管理

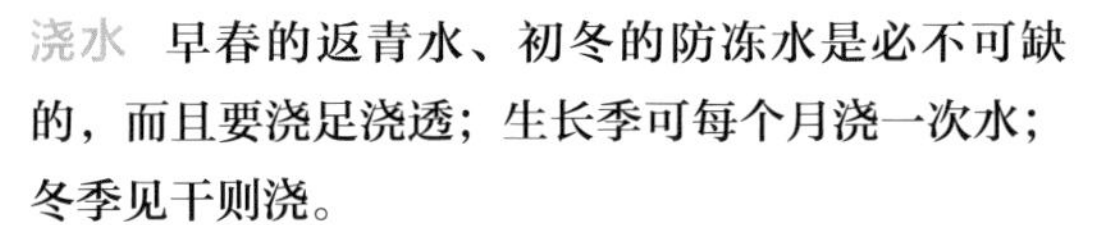

浇水 早春的返青水、初冬的防冻水是必不可缺的，而且要浇足浇透；生长季可每个月浇一次水；冬季见干则浇。

施肥 玉兰每年只需施两次肥，一次是越冬肥，一次是花后肥，以稀薄腐熟的人粪尿为好，忌浓肥。

修剪方法 玉兰可在花谢后、新叶萌芽前进行小修剪，可适当剪除过密枝、徒长枝、交叉枝、干枯枝和病虫枝，修剪后在伤口处涂抹愈伤防腐膜，可有效保护伤口。

繁殖 玉兰可用压条法繁殖。在4～7月选取健壮枝条，在枝条上划出切口，剥去表皮，将水苔包入薄膜，用细绳绑缚在枝条切口处，待生根后将其切离移栽到花盆中。

步骤1

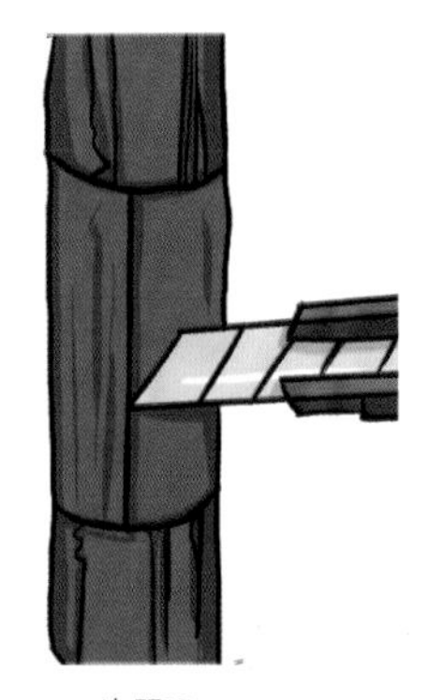

步骤2

种植步骤

1. 选取健壮枝条。
2. 在枝条上划出切口。
3. 剥去表皮。
4. 将包入水苔的薄膜绑缚在枝条切口处。
5. 生根后将其切离移栽到花盆中。

步骤3

步骤4

步骤5

病虫防治 玉兰常见的主要病害有炭疽病、黄化病和叶片灼伤病，应及时清除病叶，秋末应将落叶清除并集中烧毁，或用百菌清液、炭疽福美液进行喷雾。虫害主要是炸蝉，要及时捕杀幼虫和成虫，在每年的4～8月应及时巡视并剪除产卵枝。

叶片灼伤病

炸蝉

科 / 百合科

属 / 玉簪属

别名 / 玉春棒、白鹤花

玉簪

栽培日历

月	1月	2月	3月	4月	5月	6月	7月	8月	9月	10月	11月	12月
日照			柔和光照				半遮阴养护				柔和光照	
浇水							保持土壤湿润，没有积水					
施肥					淡肥勤施							
繁殖			分株						播种			

形态特征

玉簪为多年生宿根草本花卉，叶色泽亮丽、姿态丰满，花色如白玉，未开花时如簪头，极具观赏价值。

日常管理

温度 玉簪生长适温为15～22℃。

光照 玉簪不耐强日照，夏季要保持半遮阴，可摆放于窗台半阴处。

浇水 玉簪喜湿润环境，不耐干旱，生长期要注意浇水，但又不能过量积水，宜3～5天浇一次水。

施肥 玉簪施肥要遵循“淡肥勤施、量少次多、营养齐全”的原则，进入结实期后应停止肥料供给。

科 / 千屈菜科

属 / 紫薇属

别名 / 百日红、满堂红

紫薇

栽培日历

月	1月	2月	3月	4月	5月	6月	7月	8月	9月	10月	11月	12月
日照	光照充足的环境					适当遮阴				光照充足的环境		
浇水	保持土壤湿润，没有积水											
施肥	每个月施一次氮肥			每个月施一次磷钾肥							每个月施一次氮肥	
繁殖			压条、嫁接				扦插					

形态特征

紫薇为落叶灌木或小乔木，树皮光滑，淡褐色，叶呈椭圆形，圆锥花序顶生，花色有红、紫等。

日常管理

温度 紫薇生长适温为20～30℃。

光照 紫薇是全日照花卉，夏季需适当遮阴。

浇水 紫薇浇水要适量，浇水过多或过少都会影响生长，应始终保持土壤的湿润状态，夏季要防止暴雨天气使盆内积水。

施肥 紫薇喜肥，盆栽每年翻盆换土，并施用基肥，以“薄肥勤施”为原则。生长期可以施氮肥，孕蕾期可施磷钾肥，每个月一次。

科 / 毛茛科

属 / 芍药属

别名 / 富贵花、百雨金

牡丹

栽培日历

月	1月	2月	3月	4月	5月	6月	7月	8月	9月	10月	11月	12月
日照	光照充足的环境					适当遮阴			光照充足的环境			
浇水	保持土壤干燥		干透浇透，以土壤偏干为宜								保持土壤干燥	
施肥			施一次以磷肥为主，加花朵壮蒂灵的肥水		施一次复合肥					施一次堆肥		
繁殖									分株			

形态特征

牡丹为落叶灌木，枝条直立，挺拔而高，分枝短而粗；叶通常为二回三出复叶，顶生小叶宽卵形；花单生枝顶，有玫瑰色、红紫色、粉红色、白色等。

栽培要求

土壤 牡丹喜疏松、深厚、肥沃、排水良好的中性沙壤土。

水分 宜干不宜湿，忌积水。

温度 牡丹喜温暖，但不耐烈日暴晒，生长适温为17～20℃，25℃以上时植株会呈休眠状态。

放置场所 牡丹喜阳光充足的环境，除夏季烈日下要稍遮阴外，其余时间都要放在向阳处，最好每天能见4个小时以上的直射光，所以置于室内时最好放在阳台或客厅的向阳处，这样花才能开得更好、更艳，起到良好的装饰效果。

栽植 牡丹栽植宜在9月下旬至10月上旬进行，盆栽可用一般培养土，上盆时根部在土里要垂直舒展，不能蜷根，不可过深，以土刚刚埋住根为好，最后再覆盖一层细土，压实，栽好后浇2～3次透水。

牡丹放在书房

POINT 绿植小百科

牡丹和芍药的区别是什么？

牡丹是能长到两米的高大的木本植物，而芍药是不高于1米的（宿根块茎）草本植物；牡丹比芍药花期早，牡丹一般在4月中下旬开花，而芍药则在5月上中旬开花；牡丹叶片宽，正面绿色略呈黄色，整体偏灰绿，而芍药叶片狭窄，正反面均为黑绿色，且较有光泽；牡丹的花多着生于花枝顶端，多单生，而芍药的花多于枝顶簇生；牡丹被称为花王，芍药被称为花相。

日常管理

浇水 牡丹栽植后浇2～3次透水；入冬前浇一次透水，保证其安全越冬；开春后视土壤干湿浇水，以土壤偏干为好。

施肥 牡丹一年之内施3次肥，开花前喷洒以磷肥为主加花朵壮蒂灵的肥水，开花后15天施用一次复合肥，入冬前施一次堆肥。

修剪方法 牡丹要在花谢后及时摘花、剪枝，可根据花树的自然长势并结合个人爱好修剪，同时在修剪口涂抹愈伤防腐膜，以防止病菌侵入感染。

繁殖 牡丹多用分株法繁殖，在9～10月进行。将植株的根全部挖出，抖落泥土，放于室内或阴凉处1～2天，使水分蒸发，待根稍发软时，用消过毒的小刀除去老根，以2～3颗蘖芽为一株，用刀分开，并剪去大根，留下小根，在伤口处涂上草木灰或硫磺粉，之后将植株上盆或地栽，栽后浇定根水。

步骤1

种植步骤

1. 取出植株。
2. 抖落旧土。
3. 分开子株。
4. 上盆。

步骤2

步骤3

步骤4

病虫防治 牡丹多发茎腐病、叶斑病。发生茎腐病后，应及时将其挖出并对土壤消毒；叶斑病发病初期，可喷洒甲基托布津、多菌灵，一周一次，连续3～4次即可。

茎腐病

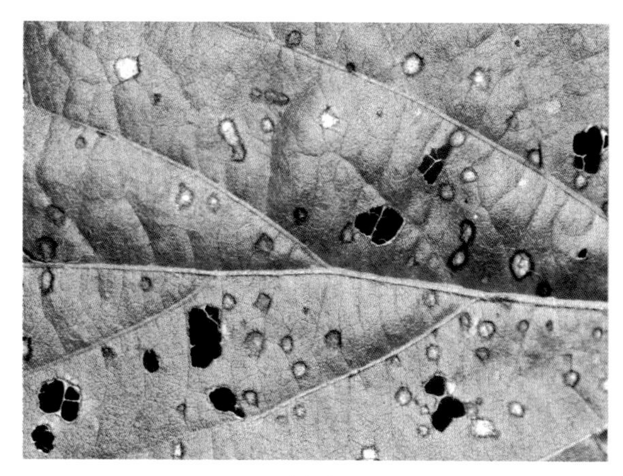

叶斑病

科 / 菊科

属 / 大丽花属

别名 / 大理花、天竺牡丹、东洋菊

大丽花

栽培日历

月	1月	2月	3月	4月	5月	6月	7月	8月	9月	10月	11月	12月
日照	阳光散射通风良好的半阴环境					忌强光暴晒			阳光散射通风良好的半阴环境			
浇水	保持土壤湿润，夏季应适当增加浇水量											
施肥	每10天施一次氮肥				每10天施一次磷钾肥							
繁殖			分根									

形态特征

大丽花为多年生草本植物，有巨大棒状块根；茎直立，多分枝；叶灰绿色，无毛；头状花序，有长花序梗，常下垂；花色有白色、红色、紫色等，花期在6～12月。

栽培要求

土壤　大丽花喜疏松、肥沃的土壤。

水分　大丽花浇水要适时适量，切忌积水。

温度　大丽花喜凉爽怕炎热，生长适温为15～26℃。

放置场所　大丽花鲜艳、醒目，适合盆栽装饰，放在卧室、客厅等地，可营造出如画一般的景致，又可大片群植于园林绿地，整片开花时尤为壮观，具有强烈的视觉冲击力。

栽植　大丽花用菜园土、腐叶土、沙土、干大粪按照一定比例混合配制成培养土栽植，上盆时间一般在10月中旬，每盆1～2株，上盆后在植株表面喷施高脂膜，栽好后浇定根水，置于遮阴处养护。

大丽花放在阳台

POINT 养花小窍门

大丽花的茎干脱叶怎样办?

大丽花地下块根的呼吸作用很旺盛，茎干脱叶一般是由于盆土过湿且不透气、块根缺氧窒息造成的。所以在平时的养护中，要选用大口浅盆，盆底排水孔凿得越大越好，然后用几块大瓦片把底孔垫住，培养土也越粗越好，但在雨季时要及时将盆内的积水倒掉。

日常管理

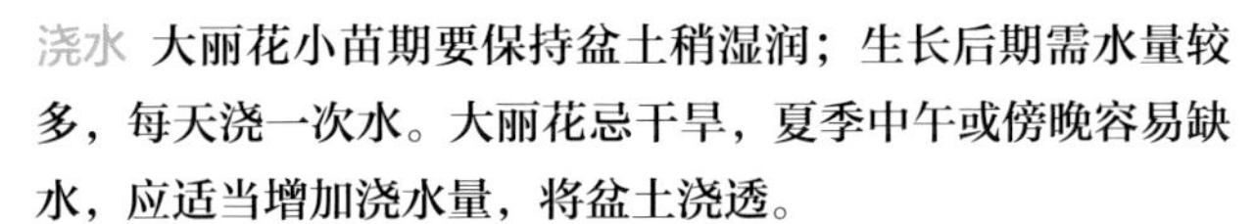

浇水 大丽花小苗期要保持盆土稍湿润；生长后期需水量较多，每天浇一次水。大丽花忌干旱，夏季中午或傍晚容易缺水，应适当增加浇水量，将盆土浇透。

施肥 大丽花施肥前期以氮肥为主，后期以磷钾肥为主，一般每10天施一次。

修剪方法 当花蕾长到花生米大小时，每枝留两个花蕾，其他全部摘除。

繁殖 大丽花常用分根法进行繁殖。在分割时必须带有部分根茎，否则不能萌发新株，可采用预先埋根法（即将根插入土中进行繁殖的方法）进行催芽，等芽萌发后再分割栽植。

病虫防治 大丽花易患花腐病、菌核病，防范措施如下：加强植株的通风透光；后期要增施磷钾肥；减少浇水；花蕾期后，可用波尔多液或托布津喷洒，每7～10天喷施一次。

步骤1

花腐病

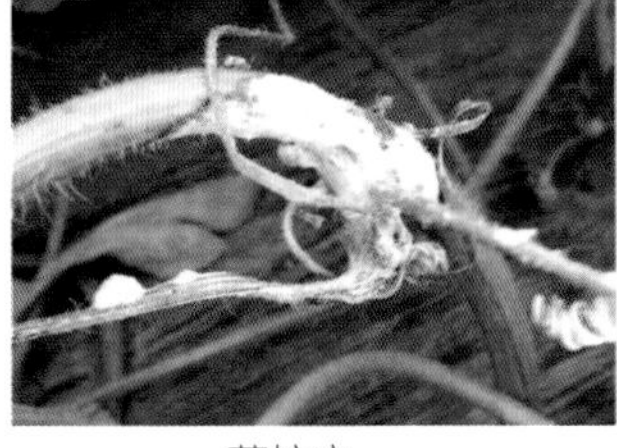

菌核病

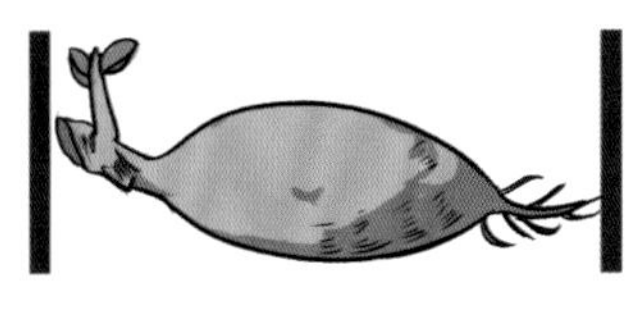

步骤2

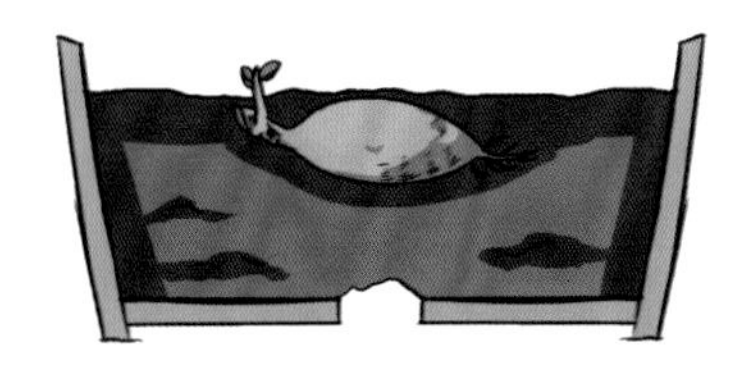

步骤3

种植步骤

1. 取出植株，抖落旧土。
2. 切分根茎。
3. 浅埋入土。

科 / 牻牛儿苗科

属 / 天竺葵属

别名 / 洋绣球、石腊红、洋蝴蝶

天竺葵

栽培日历

月	1月	2月	3月	4月	5月	6月	7月	8月	9月	10月	11月	12月
日照	光照充足的环境					适当遮阴			光照充足的环境			
浇水	见干见湿，以土壤偏干为宜				保持土壤湿润		见干见湿，以土壤偏干为宜					
施肥	每1~2周施一次稀薄肥水		每7~10天施一次磷酸二氢钾溶液							每1~2周施一次稀薄肥水		
繁殖			扦插						扦插			

形态特征

天竺葵为多年生草本花卉，茎直立，基部木质化；叶互生，有长柄，叶缘多锯齿，叶面有较深的环状斑纹；花冠通常五瓣，花序伞状，花色有红、白、粉、紫等。

栽培要求

土壤 天竺葵喜肥沃疏松、排水良好的沙质壤土。

水分 天竺葵喜燥恶湿，浇水要见干见湿。

温度 天竺葵春夏秋三季生长适温为13～19℃，冬季为10～12℃。

放置场所 天竺葵生长适应性强，但需要充足的光照，因此必须把它放在向阳处。而且其花色鲜艳，花期长，适合在客厅、餐厅、卧室、阳台等处摆放。

栽植 天竺葵盆栽宜选用腐叶土、园土和沙混合的培养土，春季上盆，栽前先在盆底放入瓦片，以利排水，养护一段时间后再移入施有基肥的大盆里。

天竺葵放在阳台

POINT 养花小窍门

影响天竺葵开花的因素有哪些?

天竺葵对温度变化比较敏感，如气温急剧变化，就会引起花朵脱落；光照太强，夏季受到阳光直射，叶缘易遭受日灼，导致生长不良或花、叶脱落；施肥过量，特别是氮肥过量，易引起枝叶徒长，不开花或开花稀少、花质差，但施肥不足或不施肥，也会影响植株正常生长和开花，因此在早春或早秋应适当多施些磷钾肥；浇水过多，盆内长期积水，易引起烂根，叶子边黄或植株徒长；摘心修剪过重，长期叶片很少，也会使开花数量减少。此外，冬、春季在室内养护时，如果长期光线不足，也易引起植株徒长而不开花，甚至已有的花蕾也会因光照不足而萎缩干枯，所以此时应注意给以较充足的光照。

日常管理

浇水 天竺葵生长初期应控制浇水，可半个月一浇，以盆土偏干为宜；现花蕾后，要增加浇水量，可7～10天浇一次水，保持盆土湿润；休眠期要使盆土干而不燥，适当浇水，可每个月浇一次水，忌积水。

施肥 天竺葵施肥，生长期每1～2周施一次稀薄的肥水（如腐熟豆饼水）；开花前每7～10天施一次磷酸二氢钾溶液，以促进开花。

修剪方法 为使植株冠形丰满紧凑，应从小苗开始进行整形修剪。当苗长至10厘米左右时进行摘心，促发新枝；待新枝长出后还要摘心1～2次，直到形成满意的株形，花谢后要及时摘花修剪。

繁殖 天竺葵多用扦插法繁殖，可以在春秋季进行。选取10厘米长的插条，以顶端部位为好，剪掉叶片近叶尖部分；剪取插条后，让切口干燥数日，形成薄膜后再插于沙床中，注意切勿损伤插条茎皮，否则易腐烂；插后置于半阴处，保持室温在13～18℃，14～21天可生根，根达到3～4厘米时可盆栽。

病虫防治 天竺葵多发细菌性叶斑病，预防措施如下：保持植株通风透光，避免湿度过高；及时处理病枝、病叶、病土，进行剪除、消毒；每隔10～15天喷施一次波尔多液进行预防。

步骤1

步骤2

细菌性叶斑病

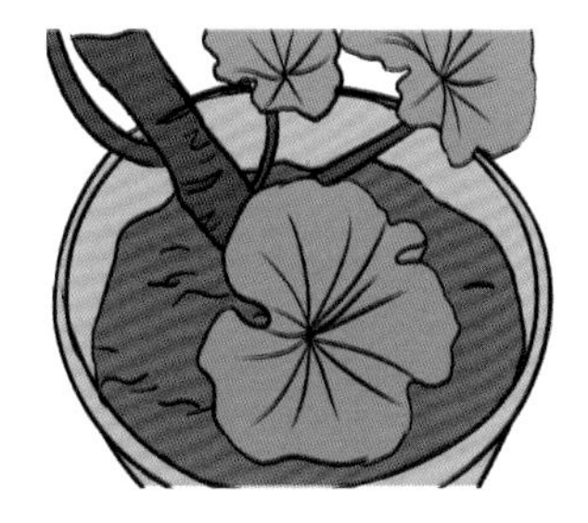

步骤3

种植步骤

1. 选取插条，进行修剪。
2. 将准备好的插穗插入沙床中。
3. 生根后移栽。

科 / 木犀科

属 / 素馨属

别名 / 金腰带、串串金、金梅

迎春花

栽培日历

月	1月	2月	3月	4月	5月	6月	7月	8月	9月	10月	11月	12月
日照	光照充足通风良好的环境					适当遮阴			光照充足通风良好的环境			
浇水	偏干为主，不干不浇，忌积水					增加喷雾加湿			偏干为主，不干不浇，忌积水			
施肥				施一次腐熟的饼肥或基肥		每15天施一次粪肥，可适当增施磷钾肥						
繁殖				扦插								

形态特征

迎春花为落叶灌木花卉，枝条细长，呈拱形下垂生长，植株较高；小叶卵形或椭圆形，表面光滑，全缘；花单生于叶腋间，花冠高脚杯状，鲜黄色；花期在3～5月。

栽培要求

土壤 迎春花喜疏松肥沃、排水良好的沙质土，在微酸性土壤中生长旺盛。

水分 迎春花耐旱不耐涝，少浇水，忌积水。

温度 迎春花生长适温为15～25℃，越冬温度不能低于5℃，否则易冻伤。

放置场所 迎春花宜放置在阳光充足、通风良好的阳台、窗台等地养护，春天黄花满枝，夏秋绿叶舒展，冬天翠蔓婆娑，让家里四季都充满春意。

栽植 迎春花栽植宜在花凋谢后或9月中旬进行，栽好后浇定根水，置于遮阴处10天左右，再放到半阴处养护5～7天，之后放到通风透光的地方养护。

迎春花放在阳台上

POINT 绿植小百科

迎春花有哪些品种？

迎春花的同属植物有很多，常见的有以下几种：探春花，又叫迎夏，半常绿灌木，枝条开张，拱形下垂。奇数羽状复叶互生，小叶3～5枚，卵形或椭圆形，花黄色，成顶生多花的聚伞花序，花期在5月；红素馨，又叫红花茉莉，攀缘灌木。幼枝四棱形，有条纹，单叶互生，卵状披针形，先端渐尖，聚伞花序3花顶生，花冠红色至玫红色，有香气，花期在5月；素馨花，又叫大花茉莉，直立灌木，枝条下垂，有角棱，叶片对生，羽状复叶，椭圆形或卵形，先端渐尖，花单生或数朵成聚伞花序顶生，白色，有芳香，花期在6～7月；素方花，半常绿灌木，小枝细，有角棱，叶片对生，羽状复叶，卵形或披针形，先端尖锐，聚伞花序顶生，有花数朵，白色，有芳香，花期在6～7月；云南黄素馨，又叫云南迎春，常绿藤状灌木，小枝无毛，四方形，具浅棱，叶片对生，长椭圆状披针形，顶端一枚较大，花单生，淡黄色，具暗色斑点，花瓣较花筒长，近复瓣，有香气，花期在3～4月。

日常管理

浇水 盆栽迎春花需浇水以保持土壤湿润，以偏干为主，不干不浇，可5～7天浇一次水。气候干燥时可以加施喷雾以增加空气湿度，但要防止盆中积水。

施肥 春季施一次腐熟的饼肥或基肥，生长期每15天施一次粪肥，可适当增施些磷钾肥。

修剪方法 迎春花生长快，枝叶茂密，要及时修剪。6～7月发的枝条不宜剪除，其他时间发的枝条可适当将过长枝、病弱枝剪除。开花后，留2～4个芽点，其他全部剪除。

繁殖 迎春花的繁殖以扦插为主，春夏秋三季均可进行，剪取长12～15厘米的半木质化枝条作为插穗，剪去多余叶子，将插穗垂直插入苗床中，苗床宜用沙土，保持土壤湿润，约15天即可生根。

病虫防治 迎春花病害常见的有叶斑病和枯枝病，可用退菌特可湿性粉剂液喷洒。虫害有蚜虫和大蓑蛾，可用辛硫磷乳油液喷杀。

步骤1

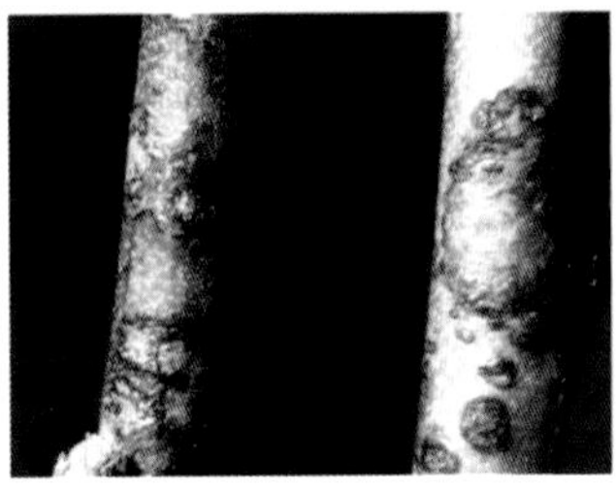

枯枝病

大蓑蛾虫害

步骤2

步骤3

步骤4

种植步骤

1. 剪取插穗。
2. 剪去多余叶子。
3. 插入苗床中。
4. 生根后移栽。

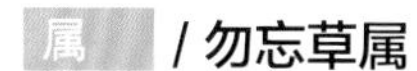

科 / 紫草科

属 / 勿忘草属

别名 / 勿忘草、星辰花、匙叶草

勿忘我

栽培日历

月	1月	2月	3月	4月	5月	6月	7月	8月	9月	10月	11月	12月
日照	光照充足的环境					忌烈日暴晒				光照充足的环境		
浇水	保持盆土湿润，暴雨天气忌积水											
施肥	每两周施肥一次磷钾肥									每两周施肥一次氮肥		
繁殖	播种								播种			

形态特征

勿忘我为多年生草本植物，全株被有粗毛，叶片呈羽状中裂，叶缘为波状，花色有蓝色、紫色、黄色等。

日常管理

温度 勿忘我忌高温，较耐寒，生长适温为20～25℃。

光照 勿忘我喜阳光充足的环境，但忌烈日暴晒。

浇水 勿忘我浇水要勤浇，始终保持盆土在湿润的状态。夏天要注意防止暴雨天气使盆栽积水。

施肥 勿忘我生长期前期可以以补充氮肥为主，大概每两周施肥一次，中期以磷钾肥为主。

科 / 风信子科

属 / 风信子属

别名 / 西洋水仙、五色水仙

风信子

栽培日历

月	1月	2月	3月	4月	5月	6月	7月	8月	9月	10月	11月	12月
日照	光照充足通风良好的环境					适当遮阴			光照充足通风良好的环境			
浇水	保持盆土湿润											
施肥		追肥一次			追肥一次					每半个月施一次追肥		施一次追肥
繁殖									分球			

形态特征

风信子为多年生草本球根类植物，鳞茎卵形，有膜质外皮，皮膜颜色与花色成正相关，未开花时形如大蒜；叶4～9片，狭披针形，肉质，上有凹沟，绿色有光；花茎肉质，总状花序顶生，漏斗形，花被筒形，上部四裂，反卷，有紫、玫红、粉红、黄、白、蓝等色，芳香，花期在3～4月。

栽培要求

土壤 风信子喜肥沃、排水良好的沙壤土，忌过湿或黏重的土壤。

水分 风信子喜湿润，忌积水。

温度 风信子生长适温为17～25℃ 。

放置场所 风信子植株低矮整齐，花序端庄，花色丰富，花姿美丽，色彩绚丽，在光洁鲜嫩的绿叶的衬托下，恬静典雅，而且能耐半阴，是绝佳的室内观赏植物，适合家庭盆栽或水栽。

栽植 风信子栽植时用腐叶土、园土、粗沙、骨粉按照一定比例配制成培养土，栽种前用福尔马林药剂喷洒土壤表面，施药后立即覆盖薄膜，3天后撤去薄膜，晾置1天后进行栽种，要保持土壤湿润。

风信子放在卧室

风信子放在客厅

日常管理

浇水 风信子在种植时浇足水后，就不需要再更多地浇水了，盆土忌过湿或黏重。

施肥 生长期勤施追肥，地栽的出苗后要及时松土，可选择在冬季施一次追肥，春季开花前、花谢后再各追肥一次。

修剪方法 风信子一般不需要修剪，在花开过后可将开败的花朵剪除，叶子不能剪，否则会影响光合作用的进行。

繁殖 风信子一般用分球法进行繁殖。母球栽植一年左右即可分生出1～2个子球，将子球掰下，保证掰下的小球茎完整，将小球茎分盆栽种，培育3～4年即可开花。

种植步骤

1. 母球分生出1～2个子球。
2. 将子球掰下，栽入盆中。
3. 培育3～4年即可开花。

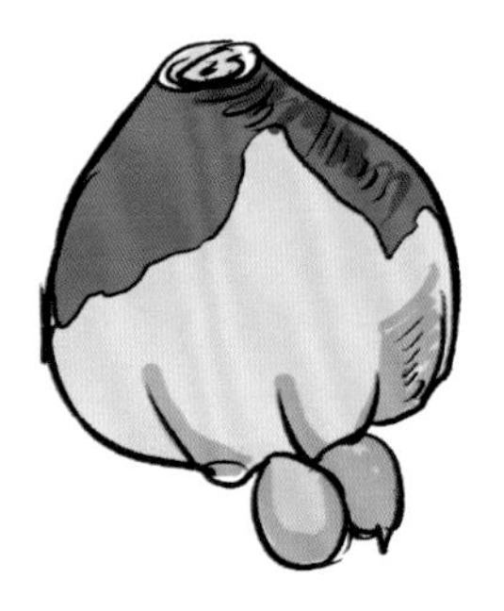

步骤1

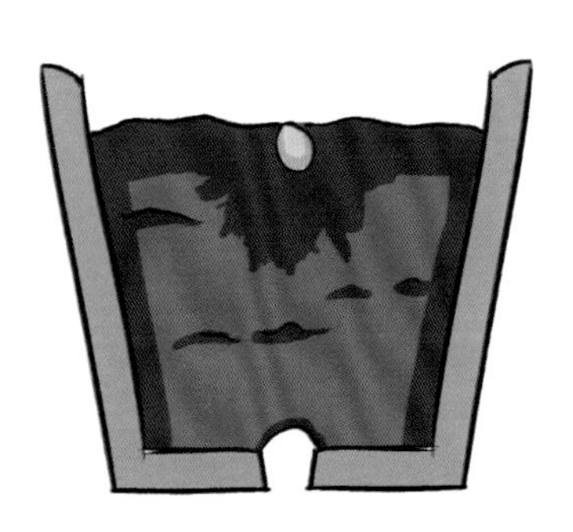

步骤2

步骤3

病虫防治　风信子易患灰霉病和根瘤病，灰霉病发病初期可喷施波尔多液、代森锌可湿性粉剂、苯来特可湿性粉剂或斑锈清进行防治，如果已经严重发病，应及时摘除病花、病叶，集中烧毁；根瘤病发病时应进行严格消毒，加强通风，发现病株及时清除，并对土壤灭虫灭菌。

灰霉病

根瘤病

POINT 养花小窍门

风信子可以用水培法繁殖吗？

风信子可以用水培法繁殖，首先要挑选大而充实的种球，放入浅盆中用卵石加以固定，然后注入清水，水量以不接触球茎底部为限，置于黑暗冷凉处（黑暗有助于发根），约1个月根系可长出。待根系充分生长后移到无直射光的亮处，温度控制在12℃左右，2～3天换一次水，保持水质清洁。待叶片长出后，逐渐增加光照，现蕾后可接受直射光照，但要注意经常调换受光方向，使叶和花茎生长健壮挺拔，防止歪向一边。

科 / 石蒜科

属 / 水仙属

别名 / 金盏银台、凌波仙子

水仙

栽培日历

月	1月	2月	3月	4月	5月	6月	7月	8月	9月	10月	11月	12月
日照			光照充足的环境				适当遮阴			光照充足的环境		
浇水							2~3天换一次水					
施肥							水养不需要施肥					
繁殖									分球			

形态特征

水仙为多年生宿根鳞茎植物，鳞茎呈球状，叶色翠绿，花有单瓣和重瓣之分，单瓣的称为金盏银台，重瓣的称为玉玲珑。

日常管理

温度 水仙喜温暖，不耐寒，生长适温为15～25℃。

光照 水仙喜阳光充足的环境，也耐半阴。

浇水 当种球长出茎叶后，可以进行水养。用干净的棉花或者吸水纸覆盖在种球的伤口上，以免伤口流出的黏液见光之后变成褐色进而影响植株美观。

施肥 水养无须施肥，2～3天换一次水即可，若换自来水，应先将水放置1天。

科 / 天南星科

属 / 海芋属

别名 / 羞天草、观音莲、狼毒

滴水观音

栽培日历

月	1月	2月	3月	4月	5月	6月	7月	8月	9月	10月	11月	12月
日照	通风良好的半阴环境											
浇水	保持盆土稍干燥		见干见湿，不能有积水								保持盆土稍干燥	
施肥				每周施肥一次								
繁殖					分株、扦插、播种							

形态特征

滴水观音为多年生常绿草本植物，地下有肉质根茎，叶柄较长，叶片主脉明显，佛焰苞为黄绿色。

日常管理

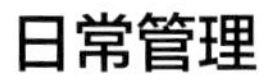

温度 滴水观音喜温暖，生长适温为20～30℃，最低可耐8℃低温。

光照 滴水观音喜半阴环境，宜放置在能遮又可通风的环境中。

浇水 滴水观音夏季多浇水，但不能过度，适宜见干见湿，在土中不能有积水，否则块茎会腐烂。冬季休眠时要减少浇水。

施肥 滴水观音4～10月为生长季，需追施液体肥料，每周一次，还应加大氮肥的施用量。冬季休眠期或温度低于15℃时，减少或不施肥。

科 / 报春花科

属 / 仙客来属

别名 / 萝卜海棠、兔耳花、篝火花

仙客来

栽培日历

月	1月	2月	3月	4月	5月	6月	7月	8月	9月	10月	11月	12月
日照	光照充足的环境					适当遮阴			光照充足的环境			
浇水	保持土壤湿润			保持土壤稍湿润					保持土壤湿润			
施肥				施一次骨粉				每10天左右施一次含氮磷钾的肥料			施一次骨粉或过磷酸钙	
繁殖									播种			

形态特征

仙客来为多年生草本植物，块茎扁球形，棕褐色，具木栓质的表皮；叶片由块茎顶部生出，呈心形、卵形或肾形，叶边缘有细圆齿，质地稍厚，深绿色，有浅色的斑纹；花圆筒状，单生于花茎顶部，花冠白色或玫红色，喉部深紫色，筒部近半球形。

栽培要求

土壤 仙客来喜疏松肥沃、富含腐殖质、排水良好的微酸性沙壤土。

水分 经常保持土壤湿润，根部不要积水。

温度 仙客来生长适温为10～20℃，冬季在8℃以上，但夏季超过35℃时植株容易死亡。

放置场所 仙客来喜光照，充足的阳光有利于促进开花，但夏天最好将仙客来放在有散射光照射之处，或对其遮阴，以免被炽热的阳光晒伤。适合盆栽观赏，可用于室内布置，尤其适宜点缀于有阳光的几架或书桌上。

栽植 仙客来栽培时用晒干打碎的河泥，或用以草炭2份、珍珠岩1份混合的培养土。换盆时要视植株大小逐步增大花盆，要使球的$\frac{1}{2}$以上居于土面上，以免球在土中受湿腐烂。

仙客来放在书桌上

POINT 绿植小百科

仙客来的绿饰作用有哪些？

仙客来能够散发一种淡淡的香气，这种香气有助缓解人们的紧张情绪，消除疲劳。而且它还具有净化空气的作用，叶片能吸收空气中的二氧化硫，经过氧化作用后可以转化为无毒或者低毒的硫酸盐；另外，仙客来在吸收二氧化碳的同时释放出氧气，对人体健康很有益。

日常管理

浇水 开花前每天上午浇一次，由盆边缓慢注入，不能直接对着叶片和株心洒水，否则叶子会腐烂。开花后2~3天浇一次水，盆土稍湿润即可。

施肥 仙客来生长发育期每10天左右施一次含氮磷钾的肥料，当花梗抽出至含苞欲放时，增施一次骨粉或过磷酸钙。花期停止施用氮肥，花后再施一次骨粉，以利果实发育和种子成熟。

修剪方法 仙客来生长快，枝叶茂密，要及时修剪。6~7月发的枝条不宜剪除，其他时间发的枝条可适当将过长枝、病弱枝剪除。开花后留2~4个芽点，其他全部剪除。

繁殖 仙客来多用播种法繁殖，宜在秋季进行，播种前先将种子用45℃的温水浸泡1天左右，之后选用利于育苗的浅盆播种，将种子置于盆土中，覆土5毫米左右，再覆盖塑料薄膜，置于阴凉处，幼苗长出2~3片叶子后即可将小苗分栽。

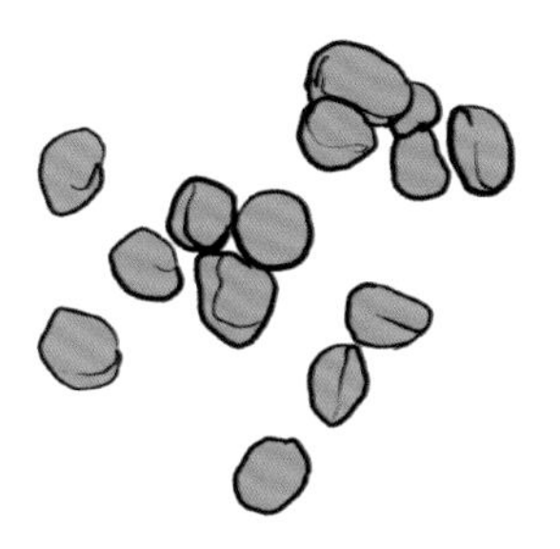

步骤1

修剪仙客来

步骤2

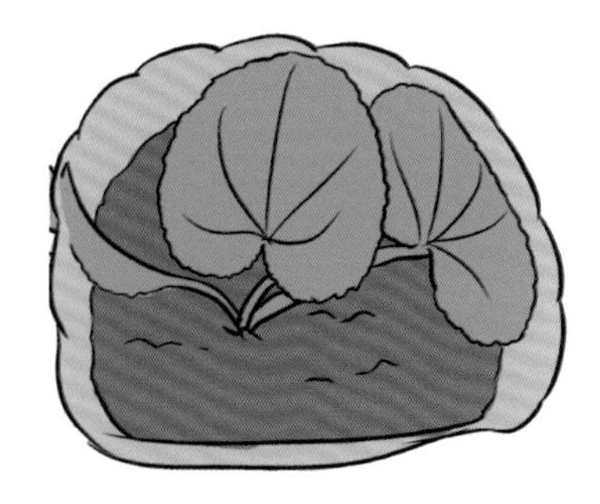

步骤3

种植步骤

1. 准备仙客来的种子。
2. 播种一段时间后即可发芽。
3. 长出2~3片叶子后移栽。

病虫防治 仙客来的主要病害有冠腐病、真菌萎缩病、软腐病、叶斑病、根瘤线虫病、炭疽病、幼苗立枯病等，虫害有蚜虫、红蜘蛛、卷叶虫、地老虎等。首先要加强检查，防止带虫苗进入，然后进行土壤消毒处理。发病时可用甲基托布津、多菌灵、三氯杀螨醇、氧化乐果等轮换喷施防治。

叶斑病

根瘤线虫病

科 / 茜草科

属 / 栀子属

别名 / 鲜支、木丹、越桃

栀子花

栽培日历

月	1月	2月	3月	4月	5月	6月	7月	8月	9月	10月	11月	12月
日照	光照充足通风良好的环境					忌强光暴晒			光照充足通风良好的环境			
浇水	见干见湿					增加喷水加湿			见干见湿			
施肥					每半个月施一次薄液肥							
繁殖		扦插							扦插			

形态特征

栀子花为常绿灌木，嫩枝常被短毛，枝圆柱形，灰色；叶对生，革质，叶片倒卵形，顶端渐尖、骤然长渐尖或短尖而钝，基部楔形或短尖，两面常无毛，上面亮绿，下面较暗；花芳香，通常单朵生于枝顶，花冠白色或乳黄色，高脚碟状，花期在3～7月。

栽培要求

土壤　栀子花喜疏松肥沃、微酸性的沙壤土。

水分　保持土壤湿润，但不要积水。

温度　栀子花生长适温为16～18℃，低于0℃则进入休眠状态。

放置场所　栀子花喜光照充足且通风良好的环境，但忌强光暴晒，适宜在稍荫蔽处生长，是重要的庭院观赏植物。可置于客厅、卧室、餐厅等处，装扮美丽的家。

栽植　栀子花栽培时用晒干打碎的河泥，或用以草炭2份、珍珠岩1份混合的培养土。换盆时要视植株大小逐步增大花盆，要使球的$\frac{1}{2}$以上居于土面上，以免球在土中受湿腐烂。

栀子花放在卧室稍荫蔽处

浇水　栀子花一般要在盆土发白时浇透水，即见干见湿。夏季天热，要每天向叶面喷水，增加空气湿度，帮助植株降温。花现蕾后浇水不宜过多，以免造成落蕾。冬季浇水以偏干为好，防止水大烂根。

施肥　栀子花喜肥，4月份后可每半个月追施一次液肥，宜施沤熟的豆饼、麻酱渣、花生麸等肥料，但必须薄肥多施，切忌浓肥、生肥，冬眠期不施肥。

修剪方法 栀子花整形时可根据树形选留三个主枝，剪掉根萌蘖出的其他枝条。花谢后枝条要及时截短，以促使新枝萌发。当新枝长出三节后进行摘心，防止盲目生长。

繁殖 栀子花可用扦插法繁殖，春插于2月中下旬进行，秋插于9月下旬至10月下旬进行。插穗选用生长健康的2～3年生枝条，截取10厘米左右，剪去下部叶片（枝条最好在维生素B_{12}针剂中蘸一下），然后斜插于插床中，稍遮阴和保持一定湿度。

病虫防治 栀子花易患煤烟病和腐烂病，煤烟病多发生在枝条与叶片上，发现后可用清水擦洗，或喷施波美度石硫合剂、多菌灵；腐烂病常在下部主干上发生，发现后应立即刮除，或涂石硫合剂3～5次。危害栀子的害虫主要有蚜虫、跳甲虫和天蛾幼虫，前两种可用乐果、敌百虫防治，后一种可用666粉防治或人工捕捉。

煤烟病

跳甲虫

步骤1

步骤2

种植步骤

1. 选取2～3年生枝条作为插穗。
2. 将插穗插入插床中。

POINT 绿植小百科

栀子花的绿饰作用有哪些？

栀子花枝叶繁茂，叶四季常绿，花芳香素雅，很有观赏价值。而且它能够让家居环境发生质的变化，在家里放上一盆栀子花，除能美化室内空间和吸收室内的有害辐射之外，还不时放出清香，令整个家充满诗意。

科	/ 木犀科
属	/ 木犀属
别名	/ 岩桂、木犀、九里香、金粟

桂花

栽培日历

月	1月	2月	3月	4月	5月	6月	7月	8月	9月	10月	11月	12月
日照	光照充足的环境					适当遮阴			光照充足的环境			
浇水	见干见湿											
施肥			施一次氮肥			施一次磷肥					施一次有机肥	
繁殖			播种、嫁接、扦插、压条									

形态特征

桂花为常绿灌木或小乔木，枝叶繁茂、碧绿，寿命长久，开花时芳香四溢，花朵有黄白、淡黄、黄或橘红等色。

日常管理

温度 桂花生长适温为20~25℃。

光照 桂花喜光，在全光照环境下枝叶生长茂盛，开花繁密。

浇水 桂花新枝发出前保持土壤湿润，正常的养护期间浇水要“见干见湿”，不要积水，以免烂根。

施肥 桂花春季可施一次氮肥，夏季施一次磷钾肥，入冬前施一次越冬有机肥，以腐熟的饼肥、厩肥为主，忌施浓肥和粪尿。

科 / 蜡梅科

属 / 蜡梅属

别名 / 腊梅、金梅、黄梅花

蜡梅

栽培日历

月	1月	2月	3月	4月	5月	6月	7月	8月	9月	10月	11月	12月
日照	光照充足的环境					适当遮阴			光照充足的环境			
浇水			保持土壤偏干			保持土壤偏湿润			保持土壤偏干			浇封冻水
施肥			施两次展叶肥			施1~2次磷钾肥，宜薄宜稀				施一次腐熟的枯饼粉		
繁殖			嫁接									

形态特征

蜡梅是多年生落叶灌木，它的特点是能在冰天雪地里傲然开放，花黄似蜡，浓香扑鼻。

日常管理

温度 蜡梅生长适温为15~25℃。

光照 蜡梅是长日照植物，生长期要保证日照充足。

浇水 蜡梅春秋两季浇水不宜过多，保持土壤偏干。夏季应勤浇水。冬季只需浇一次封冻水即可。

施肥 蜡梅喜肥，春季施两次展叶肥。夏季再施1~2次磷钾肥，此时施肥宜薄宜稀，否则容易烧根。秋凉后施一次干肥，每盆施40~60克腐熟的枯饼粉即可。

科 / 石蒜科

属 / 朱顶红属

别名 / 柱顶红、孤梃花、华胄兰

朱顶红

栽培日历

月	1月	2月	3月	4月	5月	6月	7月	8月	9月	10月	11月	12月
日照	光照充足的环境					适当遮阴			光照充足的环境			
浇水	保持盆土干燥		保持土壤湿润								保持盆土干燥	
施肥		每隔半个月施用一次饼肥水			每20天施用一次饼肥水				每隔半个月施用一次饼肥水			每20天施用一次饼肥水
繁殖							分球					

形态特征

朱顶红为多年生具鳞茎的草本植物，鳞茎近球形，有匍匐枝；叶两侧对生，宽带形，先端稍尖；总花梗中空，高出叶片，花梗纤细，花形似喇叭，花色有白、淡红、玫红、橙红、大红，具各种条纹，花期在夏季。

栽培要求

土壤 朱顶红喜富含腐殖质、排水良好的沙质壤土。

水分 朱顶红喜湿润，怕水涝。

温度 朱顶红生长适温为18～23℃，冬季休眠期10～13℃，不能低于5℃。

放置场所 朱顶红不宜在阳光下暴晒，要适当遮阴，盆栽适合装点居室、客厅、餐厅、过道和走廊等。

栽植 朱顶红栽植，盆土可用泥炭土、沙土、腐熟肥土按3:1:1的比例混合配制，盆底施用骨粉、腐熟的饼肥作为基肥，秋季换盆时将盆土疏松，盆底铺入细卵石排水，同时将⅓的鳞茎露出地面，注意浇水，置于半阴处，避免阳光直射。

朱顶红放在客厅

朱顶红放在餐厅

日常管理

浇水 朱顶红浇水时要保持盆土的湿润状态，当盆土1～2厘米深处的土变干时再浇水，出现花茎和叶片时增加浇水量，进入休眠期停止浇水。

施肥 朱顶红一般每隔半个月施用一次腐熟的饼肥水，花期过后减为20天一次，这样可以促使鳞茎增大并产生新的鳞茎。

修剪方法 开花后的朱顶红进入生殖阶段，此时应及时剪除残花、老叶、弱叶，避免继续消耗养分，以利于鳞茎复壮，基部的黄叶也应及时摘除。

繁殖 朱顶红可用分球法繁殖，于7～8月份将鳞茎上方的叶切除，用利刃从上往下将鳞茎切成4瓣，注意不要完全切到鳞茎底部，切到三分之二处就可以，1～2月后鳞片间可产生1～2个小鳞茎，下部生根，将其取下另行栽植，1～2月后出苗。

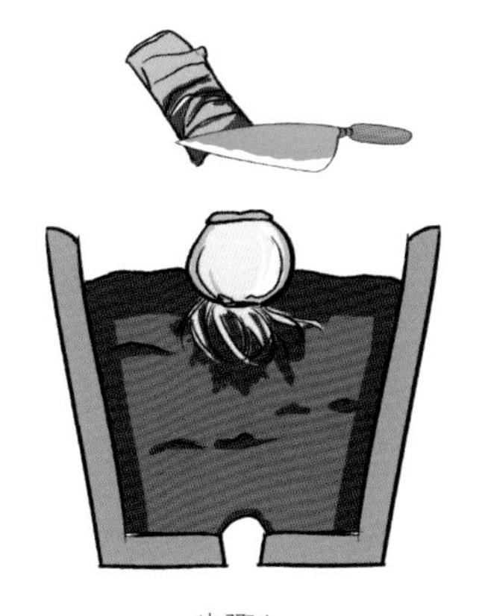

步骤1

剪除残花

步骤2

步骤3

种植步骤

1. 将鳞茎上方的叶切除。
2. 从上往下将鳞茎切成4瓣。
3. 小鳞茎另行栽植，1~2月后出苗。

病虫防治　朱顶红常见的病害是赤斑病，多在秋季发病，会危害叶、花、花葶及鳞茎，产生圆形或纺锤形赤褐色病斑，应摘除病叶，或栽球前用福尔马林溶液浸2小时，也可在春季喷波尔多液预防。虫害主要是红蜘蛛，用联苯肼酯杀虫即可。

赤斑病

红蜘蛛

POINT 养花小窍门

朱顶红在休眠状态下怎样进行管理养护？

在冬季朱顶红会有两个月左右的时间处于休眠期，这时的养护要注意严格控制室温，室内温度保持在10℃左右，低于5℃时鳞茎易受冻，而高于15℃则会妨碍其休眠，影响第二年开花，还要控制浇水，保持土壤稍干燥、维持鳞茎不枯萎即可，否则鳞茎易腐坏。

科 / 百合科

属 / 郁金香属

别名 / 洋荷花、草麝香、荷兰花

郁金香

栽培日历

月	1月	2月	3月	4月	5月	6月	7月	8月	9月	10月	11月	12月
日照	光照充足的环境					适当遮阴			光照充足的环境			
浇水	见干见湿		少量多次，保持土壤湿润			见干见湿						
施肥			每10天喷施一次磷酸二氢钾液						每个月施一次液肥			
繁殖						分球			播种			

形态特征

郁金香为多年生草本植物，具有扁圆形的鳞茎，叶片呈条状至卵状披针形，花朵形似酒杯，花色丰富，有黄、红、白等。

日常管理

温度　郁金香喜凉爽，较耐寒，生长适温为10~25℃。

光照　郁金香喜光照充足的环境。

浇水　郁金香种植后应浇透水，使土壤和种球能够充分紧密结合，以利于生根。出芽后应适当控水，3天左右浇一次。

施肥　郁金香喜肥，生长期追施液肥效果显著，一般在现蕾至开花期间可每10天喷施磷酸二氢钾液一次，以促花大色艳、花茎结实直立。

科 / 石竹科

属 / 石竹属

别名 / 麝香石竹、香石竹

康乃馨

栽培日历

月	1月	2月	3月	4月	5月	6月	7月	8月	9月	10月	11月	12月
日照	光照充足的环境											
浇水	保持土壤稍湿润，忌积水											
施肥	每两周施肥一次										每2~3周施肥一次	
繁殖			播种、扦插									

形态特征

康乃馨为多年生草本植物，茎直立丛生，叶片呈线状披针形，花一般为单生，花色有深红、粉红、紫色等。

日常管理

温度 康乃馨喜温暖，不耐炎热，生长适温为10～20℃。

光照 康乃馨喜阳光充足的环境。

浇水 康乃馨浇水要勤快，但每次浇水不宜太多，只要让土壤稍稍湿润即可，阴雨天放在室外时要注意防止积水。

施肥 康乃馨在定植成活后可每周施一次肥，在植株的生长旺盛期每两周施一次肥，冬天一般2～3周才会施一次肥，夏天少施或者不施。

科 / 十字花科

属 / 紫罗兰属

别名 / 草桂花、四桃克、草紫罗兰

紫罗兰

栽培日历

月	1月	2月	3月	4月	5月	6月	7月	8月	9月	10月	11月	12月
日照	光照充足通风良好的环境					阳光散射的半阴环境			光照充足通风良好的环境			
浇水	保持土壤湿润，忌积水											
施肥			每两周施肥一次									
繁殖				叶插					叶插			

形态特征

紫罗兰为二年生或多年生草本植物，全株密被灰白色星状柔毛；茎直立，基部稍木质化；叶互生，叶面灰绿色，呈长圆形至倒披针形，先端钝圆，基部渐狭；总状花序顶生或腋生，呈倒卵形，边缘波状，花色有蓝、紫、红、粉、白等。

栽培要求

土壤 紫罗兰在排水良好、中性偏碱的土壤中生长较好，忌酸性土壤。

水分 紫罗兰喜湿润，怕积水。

温度 紫罗兰忌高温炎热，生长适温为白天15～18℃，夜间10℃左右。

放置场所 紫罗兰喜光照充足且通风良好的环境，也耐半阴，好养易活，适合盆栽观赏。其花朵茂盛，花色鲜艳，香气浓郁，可装扮客厅、卧室、餐厅等。

栽植 盆栽紫罗兰可用腐叶土、泥炭土、沙土按1:1:1的比例配成盆土，于9月中旬换盆，换盆时不动中心根部泥土，外围泥土可以用水泡软去掉。栽植好后置于荫蔽处，逐渐见光。

紫罗兰放在客厅沙发上

POINT 绿植小百科

紫罗兰的主要作用有哪些？

紫罗兰花朵茂盛，花色鲜艳，香气浓郁，花期长，花序也长，为众多莳花者所喜爱，适合盆栽观赏，也适合布置花坛、台阶、花径等，还可以制成花束。紫罗兰的叶片甘而甜，有点像甘草，有清热解毒、美白祛斑、滋润皮肤、除皱消斑、清除口腔异味等作用。紫罗兰的花对呼吸道的帮助很大，对支气管炎也有调理之效，可以润喉，以及解决因蛀牙引起的口腔异味，还可以制成花茶，沁人心脾。

日常管理

浇水　紫罗兰要3～5天浇一次水，以保持盆土湿润为度，避免盆内积水，否则易导致病害。

施肥　紫罗兰施肥要遵守“薄肥勤施”的原则，施肥和浇水可配合交替进行，在开花后如果能及时剪去花枝、施追肥、加强管理，可再次开花。

修剪方法　紫罗兰徒长时，要将较长枝条适当剪短，剪口要离最近的一个叶芽3厘米左右，否则会影响叶芽的萌发。

繁殖　紫罗兰常用叶插法繁殖，多在春、秋季进行。首先植株上剪下健壮无病虫害的叶片，待稍晾干后将其直插于用泥炭和珍珠岩混合的土壤中，随后浇透水，保持湿润，并适当遮阴。20天左右生根，2～3个月后即可形成小植株。

病虫防治　紫罗兰的主要病害有枯萎病、黄萎病、白锈病及花叶病。发生病害前应喷波美度3～4的石硫合剂预防，在生长季可根据发病情况喷代森锌、甲基托布津、代森铵、多菌灵或敌锈钠防治。

黄萎病

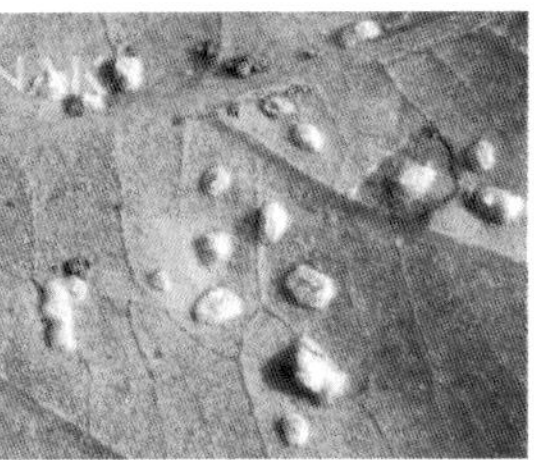

白锈病

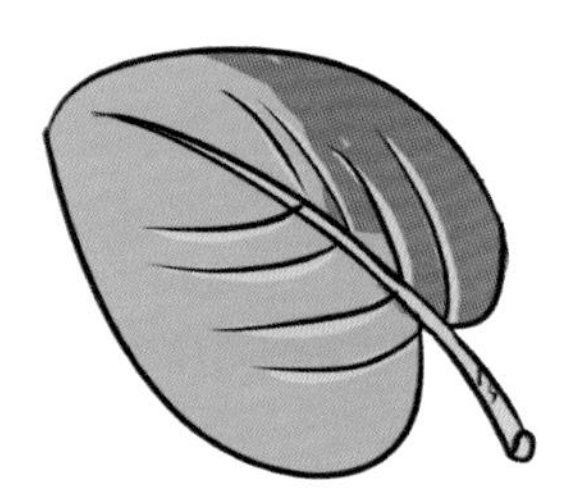

步骤1

步骤2

步骤3

种植步骤

1. 选取健壮无病虫害的叶片。
2. 稍晾干后插入土中。
3. 长成小苗后，换到大盆中养护。

科 / 百合科

属 / 百合属

别名 / 中逢花、百合蒜、夜合花

百合

栽培日历

月	1月	2月	3月	4月	5月	6月	7月	8月	9月	10月	11月	12月
日照	光照充足的环境					适当遮阴			光照充足的环境			
浇水	保持土壤稍湿润		保持土壤湿润								保持土壤稍湿润	
施肥			每隔10~15天施一次氮钾肥			增施1~2次磷肥						
繁殖			播种、分球									

形态特征

百合是多年生草本球根植物，多数百合的鳞片为披针形，茎直立，表面绿色，不分枝；单叶互生，有披针形、椭圆形或条形；花生于茎顶端，簇生或单生，花冠较大，花筒较长，呈漏斗形喇叭状，花色有白、黄、粉等。

日常管理

温度 百合生长适温为12~18℃。

光照 百合喜光照，夏季需适当遮阴。

浇水 百合春秋季2~3天浇一次水。夏季每天浇一次透水。冬季严格控制浇水，保持盆土稍湿润即可。

施肥 百合对氮钾肥需求较大，生长期应每隔10~15天施一次，而磷肥偏多会引起叶子枯黄，因此要控制磷肥的供给，一般只在花期增施1~2次磷肥。

科 / 毛茛科

属 / 芍药属

别名 / 将离、离草、婪尾春

芍药

栽培日历

月	1月	2月	3月	4月	5月	6月	7月	8月	9月	10月	11月	12月
日照	光照充足的环境											
浇水	土壤干时浇水，每次浇水不宜太多，保持土壤湿润即可											
施肥		每两周施肥一次		补施一次磷钾肥								
繁殖									分株			

形态特征

芍药为多年生草本植物，茎直立丛生，叶片为羽状复叶，花一般生于茎的顶端或近顶端叶腋处，花色丰富，主要以白、红、粉红为主。

日常管理

温度 芍药较耐寒，生长适温为15~25℃。

光照 芍药喜光照，若光照时间不足，植物通常只长叶不开花或开花异常。

浇水 芍药抗旱能力强，每次浇水不宜太多，只要让土壤湿润即可，阴雨天注意防雨。

施肥 芍药喜肥，在定植成活后可施足肥，在花蕾形成期、开花前期可补施磷钾肥，以促进生长。

科 / 睡莲科

属 / 睡莲属

别名 / 水浮莲、子午莲

睡莲

栽培日历

月	1月	2月	3月	4月	5月	6月	7月	8月	9月	10月	11月	12月
日照	光照充足的环境											
浇水	常年保持适当水深											
施肥					每半个月一次磷钾肥							
繁殖			分株									

形态特征

睡莲为多年生水生花卉，根状茎粗短；叶丛生，具细长叶柄，浮于水面，纸质或近革质，近圆形或卵状椭圆形；花单生于细长的花柄顶端，萼片宿存，外形与荷花相似，不同的是荷花的叶子和花挺出水面，而睡莲的叶子和花浮在水面上。

日常管理

温度 睡莲喜温暖，不耐寒，怕酷暑，生长适温为20～30℃。

光照 睡莲喜光照，可将睡莲布置在阳光充足处。

浇水 时常注意水深，如水量减少应及时补充。

施肥 睡莲开花期前15天开始追肥，要以磷钾肥为主，每半个月施肥一次。切不可多施氮肥，不然营养过于旺盛就会抑制其生殖生长，致使其开花不良或不开花。

四季海棠

科 / 秋海棠科

属 / 秋海棠属

别名 / 四季秋海棠、瓜子海棠

栽培日历

月	1月	2月	3月	4月	5月	6月	7月	8月	9月	10月	11月	12月
日照	阳光散射的半阴环境，忌强光直射											
浇水	保持盆土稍干		保持盆土稍湿润				保持盆土稍干		保持盆土稍湿润		保持盆土稍干	
施肥			多施磷肥	施腐熟无异味的有机薄肥水或无机肥浸泡液					施腐熟无异味的有机薄肥水或无机肥浸泡液			
繁殖				扦插					扦插			

形态特征

四季海棠为多年生草本植物，根纤维状；茎直立，肉质，无毛，基部多分枝；多叶，叶卵形或宽卵形，叶色因品种而异，有绿、红、褐绿等色，并具蜡质光泽；花顶生或腋出，雌雄异花，雌花有倒三角形子房，花色有橙红、桃红、粉红、白色等。

栽培要求

土壤 四季海棠喜含腐殖质、排水良好的中性或微酸性土壤。

水分 四季海棠既怕干旱，又怕水湿。

温度 四季海棠喜气候温和，不耐寒，生长适温为10~30℃。

放置场所 四季海棠外形秀美，叶油绿光洁，花玲珑娇艳，广为大众所喜爱，盆栽观赏已有千年历史。寒凉季节摆放在几案上，室内一派春意盎然，春夏放在阳台檐下，更现活泼生机，是室内书桌、茶几、案头和商店橱窗等处的装饰佳品。

栽植 四季海棠栽植盆土可用腐殖土、砻糠灰、园土等量混合，加适量厩肥、骨粉或过磷酸钙，于春季换盆，上盆后浇足水，并保持土壤潮湿。

四季海棠放在阳台

日常管理

浇水 春秋季是四季海棠的生长开花期，要保持盆土稍微湿润一些；夏季和冬季是半休眠或休眠期，浇水可以少些，盆土稍干些，特别是冬季更要少浇水，盆土要始终保持稍干状态。

施肥 四季海棠春秋生长期遵循“薄肥勤施”的原则，要施腐熟无异味的有机薄肥水或无机肥浸泡液；幼苗期要多施氮肥，促长枝叶；现蕾开花期要多施磷肥，促使多孕育花蕾（如果缺肥，植株会枯萎，甚至死亡）。

步骤1

步骤2

步骤3

步骤4

修剪方法 四季海棠花谢后，一定要及时修剪残花、摘心，才能促使多分枝、多开花。否则植株容易长得瘦长，株形不美观，开花也较少。

繁殖 四季海棠扦插以春、秋两季为好。选健壮的顶端嫩枝为插穗，长10厘米，插于沙床，两周后生根，根长2～3厘米时上盆。

病虫防治 四季海棠病害主要有叶斑病，还有细菌性病害的危害，应使用托布津、百菌清、井冈霉素等防治。虫害主要是危害叶、茎的各类害虫，有蛞蝓、蓟马、潜叶蝇等，高温高湿有利于害虫繁殖，故栽培时应避免密植，以利通风。

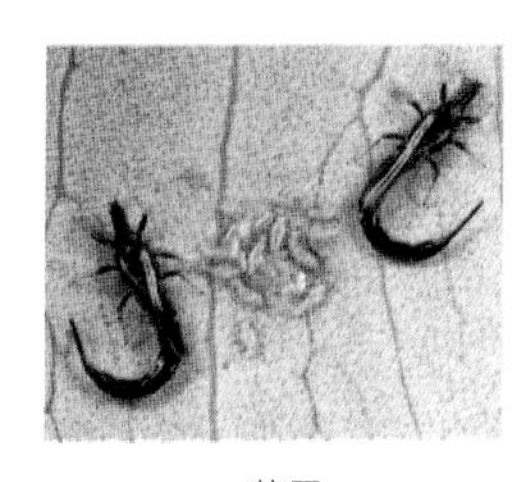

蓟马

潜叶蝇

种植步骤

1. 选取健壮的顶端嫩枝。
2. 剪去多余叶片。
3. 插入沙床中。
4. 根长2~3厘米时上盆。

POINT 养花小窍门

四季海棠怎样顺利地度夏越冬?

夏、冬两季因受温度的影响，四季海棠生长缓慢，需加强肥水的管理。盛夏高温季节，要避免强光直射和温度骤降，应放置在30℃以下的环境中养护，保持盆土干湿相宜，过湿叶片易烂根，过干叶片会萎蔫，冬季气温只要保持在10℃以上就能安全越冬。

科 / 蔷薇科

属 / 苹果属

别名 / 垂枝海棠

垂丝海棠

栽培日历

月	1月	2月	3月	4月	5月	6月	7月	8月	9月	10月	11月	12月
日照	阳光充足且背风的环境											
浇水	见干见湿，忌积水											
施肥		施磷钾肥			每个季节施一次氮肥							
繁殖			扦插、分株、压条									

形态特征

垂丝海棠为落叶小乔木，枝干峭立开展，有疏生短柔毛；单叶互生，椭圆形至长椭圆形，叶面深绿色且有光泽，背面灰绿色并有短柔毛，边缘有锯齿；花梗紫色细长，伞房花序，4~7朵簇生，朵朵弯垂，花苞红色，开花后渐变为粉红色，多为半重瓣，也有单瓣花；果倒卵形，略带紫色。

日常管理

温度 垂丝海棠生长适温为15～25℃。

光照 垂丝海棠喜阳光，不耐阴，也不耐寒，适合放在阳光充足、背风的地方。

浇水 垂丝海棠生长初期适量浇水，不宜过多，可适当喷雾保湿，夏季要注意防止暴雨天气使盆栽积水。

施肥 垂丝海棠在生长期前期，可以每个季节施一次氮肥，到了生长期中期时，以磷钾肥为主。

科 / 柳叶菜科

属 / 倒挂金钟属

别名 / 吊钟海棠、吊钟花、灯笼花

倒挂金钟

栽培日历

月	1月	2月	3月	4月	5月	6月	7月	8月	9月	10月	11月	12月
日照	阳光散射的半阴环境					适当遮阴			阳光散射的半阴环境			
浇水	保持土壤湿润但不潮湿											
施肥	每20~30天施一次复合肥		每个月施2~3次磷钾肥									
繁殖			扦插					扦插				

形态特征

倒挂金钟为多年生半灌木，茎直立，叶呈倒卵状长圆形，花朵腋生或顶生，花色有粉红、紫红、白色等。

日常管理

温度 倒挂金钟喜凉爽，怕高温，生长适温为10～20℃。

光照 倒挂金钟耐半阴，怕强光，夏季一定要注意遮阴。

浇水 浇水量使土壤湿润但不潮湿就可以了，以防因积水导致通风不畅，造成根系腐烂。

施肥 倒挂金钟在生长期，每20～30天追施一次复合肥，进入花蕾期每个月施磷钾肥2～3次。其他时期可以不用追肥。

科	/ 菊科
属	/ 金盏花属
别名	/ 长生菊、醒酒花

金盏花

栽培日历

月	1月	2月	3月	4月	5月	6月	7月	8月	9月	10月	11月	12月
日照	光照充足的环境					适当遮阴			光照充足的环境			
浇水	保持盆土稍干燥		保持盆土稍湿润			保持盆土稍干燥			保持盆土稍湿润			
施肥				每半个月施肥一次								
繁殖									播种、扦插			

形态特征

金盏花为二年生草本植物，全株被白色茸毛；叶互生，椭圆形或椭圆状倒卵形；头状花序单生茎顶，舌状花围绕中心平展排列一轮或多轮，花径5厘米左右，有橙、金黄、橘黄等色，也有重瓣、卷瓣和绿心等栽培品种。

日常管理

温度 金盏花生长适温为7～20℃。

光照 金盏花要求光照充足，夏季应适当遮阴，避免阳光直射。

浇水 金盏花不宜过多浇水，要注意控制好水量，积水易烂根。春秋两季6~18天浇一次，夏季12~21天浇一次，冬季每个月浇一次。

施肥 金盏花生长期每半个月施肥一次，以促进植株生长。

科 / 石竹科

属 / 石竹属

别名 / 洛阳花、中国石竹、中国沼竹

石竹

栽培日历

月	1月	2月	3月	4月	5月	6月	7月	8月	9月	10月	11月	12月
日照	光照充足的环境					适当遮阴			光照充足的环境			
浇水	见干见湿，夏季忌积水											
施肥		每半个月施一次复合肥		追施磷钾肥1~2次								
繁殖		扦插、分株							播种	扦插、分株		

形态特征

石竹为多年生草本植物，茎直立，叶呈狭长披针形，花单生或簇生，花瓣边缘呈锯齿状，花色有红、粉红等。

日常管理

温度 石竹生长适温为15~20℃，耐寒不耐酷暑，夏季易枯萎。

光照 石竹生长期要求光照充足，夏季应适当遮阴，避免阳光直射。

浇水 石竹耐干旱，忌水涝，夏季雨水过多时要注意排水，保持盆土周围湿润，通风良好。

施肥 石竹生长初期一般不用施肥，进入生长旺期后每半个月施一次复合肥，花蕾期追施磷钾肥1~2次。

科 / 罂粟科

属 / 罂粟属

别名 / 丽春花、赛牡丹、满园春

虞美人

栽培日历

月	1月	2月	3月	4月	5月	6月	7月	8月	9月	10月	11月	12月
日照	光照充足的环境					适当遮阴			光照充足的环境			
浇水	保持盆土干燥		保持盆土湿润								保持盆土干燥	
施肥			施稀薄液肥1~2次		每隔3天喷施一次磷酸二氢钾液							
繁殖			播种					播种				

形态特征

虞美人为一年生草本植物，茎直立生长，互生的叶片为披针形；花直立向上生长，花色有红、橙、白、黄、粉、蓝等。

日常管理

温度 虞美人耐寒，怕热，生长适温为5~25℃。

光照 虞美人生长期要求光照充足，每天至少4小时的直射日光。如生长环境阴暗，光照不足，则会导致植株瘦弱，花色暗淡。

浇水 虞美人刚栽植时，要控制浇水，以促进根系生长。现蕾后充足供水，保持土壤湿润。在开花前，每隔3天向叶面喷一次水。

施肥 虞美人播种时要施足底肥，开花前施稀薄液肥1~2次，现蕾后每隔3天喷施一次磷酸二氢钾液催花，花期不要施肥。

多肉植物

奇特有趣的肉肉之旅

科 / 仙人掌科

属 / 令箭荷花属

别名 / 荷令箭

令箭荷花

栽培日历

月	1月	2月	3月	4月	5月	6月	7月	8月	9月	10月	11月	12月
日照			阳光充足、通风良好的环境				忌强光暴晒			阳光充足、通风良好的环境		
浇水			干透浇透				保持土壤稍干燥				干透浇透	
施肥			每10~15天施一次氮磷结合的肥料				追施1~2次氮肥			追施2~3次磷钾肥		
繁殖				扦插								

形态特征

令箭荷花为多年生常青附生类多肉植物，群生灌木状，茎直立，多分枝，绿色，呈扁平披针形，形似令箭，边缘略带红色，有粗锯齿，锯齿间凹入部位有细刺；花从茎节两侧的刺座中开出，形似睡莲，花筒细长，花色有深红、粉红、白、黄等。

栽培要求

土壤　令箭荷花喜肥沃疏松、排水良好的中性或微酸性沙质壤土。

水分　令箭荷花耐旱怕涝，要求土壤偏干。

温度　令箭荷花喜温暖，生长适温为20～25℃，冬季温度不能低于5℃。

放置场所　令箭荷花花色繁多，春秋季可放在室外向阳处养护，而夏季要放在通风良好的半阴处。它具有娇丽轻盈的姿态、艳丽的色彩和清雅的香气，以盆栽观赏为主，可用来点缀客厅、书房、阳台、门廊等地，是色彩、姿态、香气俱佳的室内优良盆花。

栽植　令箭荷花栽植盆土可用园土、沙和有机肥配制而成。随植株的长大每年的春秋季都要进行换盆换土，以促进植株快速长大，还要设支架，以防枝梢折断，同时也更有利于通风透光、株形美观。

令箭荷花放在书房

POINT 养花小窍门

令箭荷花除扦插繁殖外，还有什么繁殖方法？

令箭荷花除用扦插法繁殖外，还能用嫁接法繁殖。可选用仙人掌作为砧木，切开一个楔形口，将剪取的令箭荷花插穗两面各削一刀，露出楔形茎髓，然后插入砧木裂口内，再用绳子绑好，放在阴凉处，10～15天即可长合，之后除去绳子，进行正常养护。

日常管理

浇水 令箭荷花在3～4月进入花蕾形成期，应多浇水，但盆土不要过湿，每周浇一次透水即可。花谢后盆土以稍干为宜，冬季搬入室内后，应以“干透浇透”的原则浇水。

施肥 春季每10～15天施氮磷结合的肥料一次；夏季应及时施入1～2次以氮为主的追肥；秋季可施2～3次追肥，以磷钾肥为主；冬季停止施肥。

修剪方法 如令箭荷花发芽过晚或因长势不良，茎片达不到所需高度，就需要剪去，以防出现葫芦形茎片，影响株形美观。

繁殖 令箭荷花可在每年春季进行扦插。剪取10厘米长的健康扁平茎为插穗，剪下后要晾2～3天，然后插入湿润的沙土或蛭石基质内，深度以插穗的⅓为度，温度保持在10～15℃，经常向其喷雾，1个月生根后即可进行盆栽。

病虫防治 令箭荷花常发生茎腐病、褐斑病和根结线虫危害，茎腐病、褐斑病可用多菌灵可湿性粉剂液喷洒，根结线虫可用二溴氯丙烷乳油液释液浇灌防治。如果通风差，也易受蚜虫、介壳虫和红蜘蛛危害，可用杀螟松乳油液喷杀。

步骤1

根结线虫

步骤2

种植步骤

1. 剪取插穗。
2. 插入基质中。

蟹爪兰

科 / 仙人掌科

属 / 蟹爪兰属

别名 / 蟹爪莲、锦上添花、螃蟹兰

形态特征

蟹爪兰为附生性小灌木，肥厚的叶片为卵圆形，叶色鲜绿，边缘具有较粗的锯齿，花色有淡紫、黄、红等。

日常管理

温度　蟹爪兰喜温暖，但怕炎热，生长适温为20～25℃。

光照　蟹爪兰较喜阴，夏季需适度遮阴。

浇水　对于蟹爪兰来说，浇水不宜太多，可以适当喷雾，保持土壤和周围的空气湿度即可。

施肥　蟹爪兰生长前期以补充氮肥为主，每个月施肥1～2次，中期以复合肥为主，孕蕾期追加磷钾肥。3月份花谢后，应停肥控水，直至茎节上冒出新芽，才给予正常的水肥管理。

栽培日历

月	1月	2月	3月	4月	5月	6月	7月	8月	9月	10月	11月	12月
日照			阳光散射的半阴环境				适当遮阴				阳光散射的半阴环境	
浇水						见干见湿，夏季适当增加喷雾						
施肥					每个月施1~2次氮肥		每个月施1~2次复合肥		追加磷钾肥			
繁殖					扦插、嫁接				嫁接			

科 / 大戟科

属 / 大戟属

别名 / 铁海棠、麒麟刺、麒麟花

虎刺梅

栽培日历

月	1月	2月	3月	4月	5月	6月	7月	8月	9月	10月	11月	12月
日照			光照充足的环境				半阴环境				光照充足的环境	
浇水							保持土壤湿润					
施肥						每个月施一次基肥，花蕾期施一些磷肥						
繁殖					扦插							

形态特征

虎刺梅为多年生常绿灌木植物，茎多分枝，茎上密生硬而尖的锥状刺；花色丰富，以红、黄、白为主。

日常管理

温度 虎刺梅不耐寒，生长适温为15～25℃，温度低于0℃时植株会因冻害死亡，冬季室温如能保持在15℃以上则整个冬季开花不断。

光照 虎刺梅喜阳光充足的环境，但夏季要放在半阴处养护。

浇水 虎刺梅浇水只要保持土壤湿润即可，不要过湿，雨水季节要注意防涝。

施肥 虎刺梅在生长期每个月施一次基肥，花蕾期施一些磷钾肥。

科 / 夹竹桃科

属 / 天宝花属

别名 / 天宝花

沙漠玫瑰

栽培日历

月	1月	2月	3月	4月	5月	6月	7月	8月	9月	10月	11月	12月
日照	光照充足的环境											
浇水	干透浇透		保持土壤湿润			干透浇透			保持土壤湿润			干透浇透
施肥					每个月施1~2次稀薄磷钾液肥							
繁殖					扦插、压条、嫁接							

形态特征

沙漠玫瑰为多肉灌木或小乔木，单叶互生，倒卵形，顶端急尖，肉质，有光泽，腹面深绿色，背面灰绿色，全缘；花形似小喇叭，花色有红、玫红、粉红、白等。

栽培要求

土壤 沙漠玫瑰喜肥沃疏松、排水良好、富含钙的沙壤土。

水分 沙漠玫瑰耐干旱但不耐水湿，每次浇水量不可过多。

温度 沙漠玫瑰耐酷暑，不耐寒，生长适温为20~30℃。冬季室内温度保持在12℃以上，若盆土干燥，也能在7~8℃的温度条件下安全越冬。

放置场所 沙漠玫瑰优雅别致，自然大方，可放在阳光充足处，特别适合家庭室内及阳台装饰。

日常管理

栽植 沙漠玫瑰栽植可用泥炭土、河沙、小碎石配成盆土，每年换盆前先停止浇水，待盆土完全干燥后，再将植株倒出，清除旧盆土，修剪根系，重新种植。

浇水 沙漠玫瑰浇水要遵循见干见湿、干透浇透的原则。春秋季为生长旺盛期，要充分浇水，保持盆土湿润，但不能过湿。早春和晚秋气温较低，浇水应节制。冬季减少浇水，盆土保持干燥，但过干也要浇水。

施肥 沙漠玫瑰比较喜欢磷钾肥，生长期每月施1~2次稀薄液肥，冬季停止施肥。

沙漠玫瑰浇水

POINT 绿植小百科

沙漠玫瑰有毒吗？

沙漠玫瑰具有一定的毒性，其汁液毒性较强，如误食会引起心跳加速、心律不齐。

修剪方法 沙漠玫瑰徒长会失去观赏价值，因此可在花期过后根据个人喜好剪去多余的枝条。

繁殖 沙漠玫瑰可用扦插法、嫁接法和压条法繁殖，也可播种。常用的是高空压条法，在夏季进行，步骤如下：在健壮枝条中间切开小口，把表皮剥去。先用苔藓填充，再用塑料薄膜包扎，约25天可生根，45天后剪下即可盆栽。

病虫防治 沙漠玫瑰病害有叶斑病，可用托布津可湿性粉剂液喷洒；虫害有介壳虫和卷心虫，可用杀螟松乳油液喷杀，也可在害虫产卵期和孵化期用氧化乐果乳油或杀螟松乳油液喷雾1～2次。

步骤1

步骤2

步骤3

步骤4

沙漠玫瑰修剪

介壳虫

种植步骤

1. 选择健壮枝条，在中间切开小口，把表皮剥去。
2. 准备塑料薄膜。
3. 先用苔藓填充再绑好。
4. 生根后剪下、盆栽。

科 / 马齿苋科

属 / 马齿苋属

别名 / 花叶银、公孙树

雅乐之舞

栽培日历

月	1月	2月	3月	4月	5月	6月	7月	8月	9月	10月	11月	12月
日照	阳光散射的半阴环境（1月—12月）											
浇水	不干不浇，浇则浇透（1月—12月）											
施肥		每20天左右施一次腐熟的稀薄液肥或复合肥（2月—9月）										
繁殖			扦插（3月—6月）									

形态特征

雅乐之舞为多年生肉质灌木，老茎紫褐色，嫩枝紫红色，叶片大部分为黄白色或黄绿色，小花的边缘为淡粉色。

日常管理

温度 雅乐之舞生长适温为25℃左右，冬季不宜低于10℃。

光照 雅乐之舞忌烈日暴晒和过分荫蔽，光线太强叶片会变黄绿，遮阴太过会徒长。

浇水 雅乐之舞喜湿润的环境，要遵循“不干不浇，浇则浇透”的原则。

施肥 雅乐之舞生长期每20天左右施一次腐熟的稀薄液肥或复合肥，施肥后应注意松土，以增加土壤的透气性，以利于根部的吸收。

科 / 萝藦科

属 / 球兰属

别名 / 马骝解、狗舌藤、铁脚板

球兰

栽培日历

月	1月	2月	3月	4月	5月	6月	7月	8月	9月	10月	11月	12月
日照	光照充足的环境					忌高温暴晒			光照充足的环境			
浇水	保持土壤湿润，不能积水					充分浇水，平时还要向叶面喷水			保持土壤湿润，不能积水			
施肥					每个月施肥1~2次							
繁殖			扦插、压条									

形态特征

球兰为多年生攀缘灌木，叶对生，肉质，花开之后呈星状。

日常管理

温度 球兰生长适温为18～28℃，低于5℃时植株会死亡。

光照 球兰性喜光，宜放在阳光充足的地方，夏季忌高温暴晒。

浇水 球兰浇水，盆土以保持湿润状态为佳，但盆内不能出现积水，高温季节要充分浇水，平时还要在叶面上喷水。

施肥 球兰平时需要肥料较少，生长旺季每个月要施肥1～2次，入秋之后要逐渐减少施肥量。

科 / 景天科

属 / 伽蓝菜属

别名 / 圣诞伽蓝菜、寿星花

长寿花

栽培日历

月	1月	2月	3月	4月	5月	6月	7月	8月	9月	10月	11月	12月
日照	光照充足的环境					适当遮阴			光照充足的环境			
浇水	干透浇透					保持盆土稍干燥			干透浇透			
施肥	每10天施一次速效的磷酸二氢钾								每周施一次以磷钾为主的鱼腥肥			
繁殖			扦插					扦插				

形态特征

长寿花为常绿多年生草本多浆植物，茎直立，单叶交互对生，椭圆形，肉质，叶片上部叶缘具波状钝齿，下部全缘，亮绿色，有光泽，叶边略带红色；圆锥聚伞花序，挺直，花小，高脚碟状，花色有粉红、绯红、橙等。

栽培要求

土壤　长寿花喜肥沃的沙壤土。

水分　长寿花是多浆植物，体内含有较多的水分，故较耐旱而怕涝。

温度　长寿花喜温暖，不耐寒，生长适温为15～25℃，夏季高温超过30℃则生长受限制，冬季室内温度不能低于12℃。

放置场所　长寿花喜阳光充足的环境，除盛夏中午宜稍荫蔽外，其余时间都要放在向阳处，每天至少要能见4小时以上的直射光才能健壮生长，所以置于室内时最好放在阳台或客厅的向阳处，并要经常转动，以使其充分接受阳光的照射。

栽植　长寿花盆栽时可用腐叶土、粗沙、谷壳灰按照2:2:1的比例混合成的基质，栽植时盆底要垫瓦片，并在培养土中添加腐熟的有机肥作为基肥。栽后需停水数天，以免根系腐烂。

长寿花放在书桌上

长寿花放在阳台

日常管理

浇水 春秋季3天左右见盆土干后浇一次透水。夏季宜少浇水，5～7天浇一次（切忌水多，否则易烂根、落叶、甚至死亡）。冬季搬入室内后宜用与室温相近的水于中午浇，7天左右浇一次。

施肥 长寿花施肥在春秋生长旺季和开花后进行，花期前应每周施一次以磷钾为主的鱼腥肥，以促进花芽的分化；花期施肥以速效的磷酸二氢钾为主，每10天一次。

修剪方法 长寿花每年花谢后需要大修，7月份以前的修剪只需留3厘米左右的枝干，其余可以全部剪掉。修剪时要配合换盆施肥，9月以后无须再修剪。

繁殖 长寿花多用扦插法繁殖。步骤如下：截取6～10厘米长的枝干作为插穗，要留有两个以上的叶基段，直接将其插入基质中，插入深度以插穗的½～⅔为好，压实后浇一次透水，即插即活，一周左右即可生根。

病虫防治 长寿花常见的病害有霜霉病、炭疽病，可通过喷施多菌灵、代森锰锌等杀菌剂来防治。

步骤1

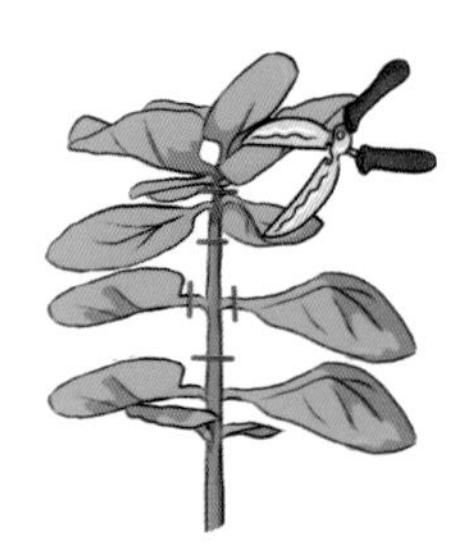
步骤2

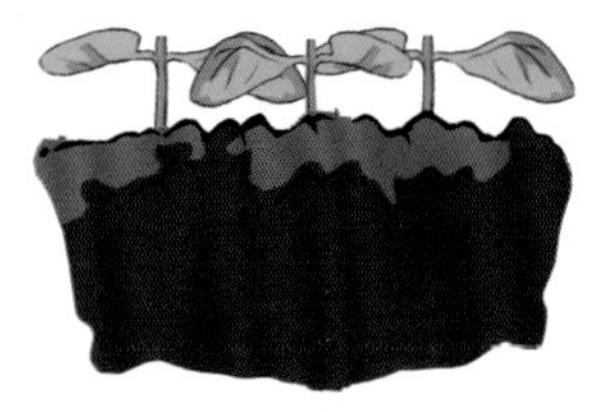
步骤3

步骤4

种植步骤

1. 剪取插穗。
2. 每个插穗留2～3片叶。
3. 将插穗插入基质中。
4. 生根后移栽。

POINT 养花小窍门

长寿花的栽植有哪些小诀窍？
盆宜小巧通透好，疏松沙壤种植佳。
扦插分株易繁殖，摘心促发分枝多。
适度控水叶繁茂，肥多磷钾花色艳。
性喜阳光耐半阴，夏畏酷暑冬怕寒。

科 / 百合科

属 / 芦荟属

别名 / 卢会、象胆、奴会

芦荟

栽培日历

月	1月	2月	3月	4月	5月	6月	7月	8月	9月	10月	11月	12月
日照	光照充足的环境											
浇水	保持土壤稍干燥					保持土壤稍湿润			保持土壤稍干燥			
施肥					每1~2月施一次有机肥							
繁殖				扦插								

形态特征

芦荟为常绿、多肉质的草本植物，植株单生或丛生，茎较短，叶轮状互生，肥厚多汁，绿色，条状披针形，边缘疏生锯齿状肉刺；总状花序，松散排列，具几十朵花，小花筒形，淡黄色而有红斑。

栽培要求

土壤 芦荟喜排水性能良好、不易板结的疏松土壤。

水分 芦荟喜湿润，怕积水。

温度 芦荟生长适温为15℃～35℃，5℃左右停止生长，低于0℃就会冻伤。

放置场所 秋冬季节除了要注意保暖，还要注意尽量让芦荟多见阳光。室内盆栽芦荟可以放到避风向阳的地方。

栽植 芦荟栽植选用沙砾灰渣、腐殖质和沙质土壤混合而成的基质，每年换盆一次，一般在春季芽未萌发前进行。种植期间要加强管理，多次松土除草可改善土壤的通气性。

芦荟放在客厅

POINT 绿植小百科

芦荟的药用和食用价值有哪些？

芦荟味苦性寒，有助清肝热、通便、杀虫，此外还可用于缓解头痛、便秘、小儿惊痫、疳疡疖肿、烧烫伤、癣疮、痔、萎缩性鼻炎、瘰、肝炎、胆道结石、湿癣等。但在众多品种之中，只有中国芦荟、库拉索芦荟和日本木剑式芦荟可食用或外用，其中药用价值最佳的品种为翠叶芦荟。

日常管理

浇水 芦荟夏季5～10天浇一次；春秋冬三季要控制浇水，可采取喷雾的方法，保持土壤稍干燥，防止烂根。

施肥 芦荟生长旺盛期要施有机肥，施肥一次不宜过多，不要弄脏叶片，否则就要用清水冲洗。

修剪方法 芦荟一般情况下不用修剪，需要采叶时，一般只需从植株下部开始，不伤害植株的完整性就行。

繁殖 芦荟多用扦插法繁殖，一般在春季4～5月进行。扦插前可向基质浇少量水，用竹竿在上面插出一个小洞，然后将芦荟插穗插入并压实即可。之后不要立即浇水，2～3天后可向叶面喷少量水，温度保持在20℃以上，一般30天左右即可生根。

步骤1

剪下来的芦荟叶片

步骤2

步骤3

种植步骤

1. 剪取插穗。
2. 插入基质中。
3. 固定植株。

病虫防治 芦荟常见病害主要有炭疽病、褐斑病、叶枯病、白绢病及细菌性病害。病害发生后，可直接施用内吸传导性治疗剂如托布津、瑞毒霉等，以及抗生素如硫酸链霉素、农用链霉素、春雷霉素、井冈霉素等，如此就能杀死芦荟体内的病原菌，控制病害蔓延。

白绢病

炭疽病

科 / 仙人掌科

属 / 仙人掌属

别名 / 仙巴掌、霸王树、火焰

栽培日历

月	1月	2月	3月	4月	5月	6月	7月	8月	9月	10月	11月	12月
日照	光照充足的环境											
浇水	保持土壤干燥		干透浇透，以土壤偏干燥为宜								保持土壤干燥	
施肥			每1~2个月施一次腐熟的稀薄液肥									
繁殖				扦插								

形态特征

仙人掌为丛生肉质灌木，茎片肥厚，深绿色，呈倒卵形、倒卵状椭圆形或近圆形，边缘通常有不规则波状，茎片上长着一簇簇的小刺，成长后刺常增粗并增多。

栽培要求

土壤 仙人掌喜排水透气性良好、含石灰质的沙土或沙壤土。

水分 仙人掌耐干旱，忌积水。

温度 仙人掌生长适温为20～30℃。

放置场所 仙人掌喜阳、耐旱、管理简单且观赏价值高，很适宜家庭栽培，可以摆放在阳台、电脑桌、书桌等处，仙人掌可以吸入二氧化碳，释放氧气，能起到净化环境的作用。

栽植 仙人掌栽植盆土用粗河沙4份、壤土3份、腐叶土2份和谷壳灰1份配制而成，新栽植的仙人掌先不要浇水，每天喷几次雾即可，半个月后才可少量浇水，一个月后新根长出才能正常浇水。

仙人掌放在客厅

仙人掌放在阳台

日常管理

浇水 冬季气温低，植株进入休眠状态时，要节制浇水。开春后随着气温的升高，植株休眠逐渐解除，浇水可逐步增加。

施肥 每1～2个月施一次腐熟的稀薄液肥，冬季不要施肥。

修剪方法 仙人掌一般情况下不需要修剪。

繁殖 仙人掌常用扦插法繁殖，首先选择长势强无病虫害的母株，从母株上切取生长健壮、成熟的茎节作为插穗，之后将其放在干燥的室内晾5～7天，最后扦插时将插穗基部浅埋入基质中即可。要注意基质以湿润为好，过干不易生根，并且生根前要防阳光暴晒，应放在半阴处养护。

步骤1

种植步骤

1. 选取母株。
2. 切取茎节作为插穗。
3. 浅埋入基质中。

步骤2

步骤3

病虫防治 仙人掌易生的菜青虫、蝗虫，可用溴氢菊酯液喷雾，其余蛴螬、金针虫、地老虎等可用辛硫磷浇灌；金黄斑点病、炭疽病、凹斑病及赤霉病等可喷施百菌清、多菌灵或甲基托布津液；软腐病直接摘除病叶即可。

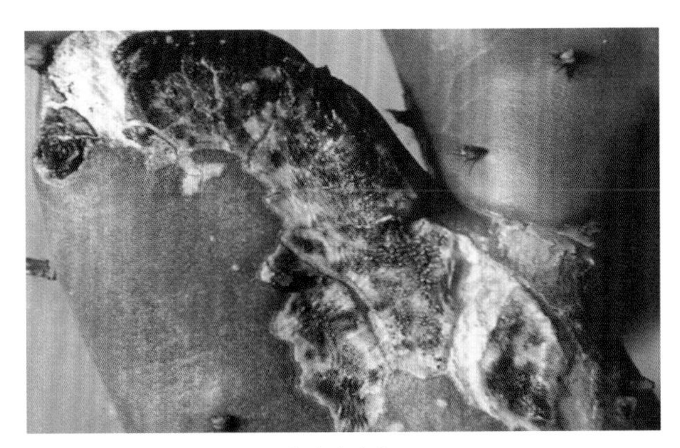

炭疽病病斑

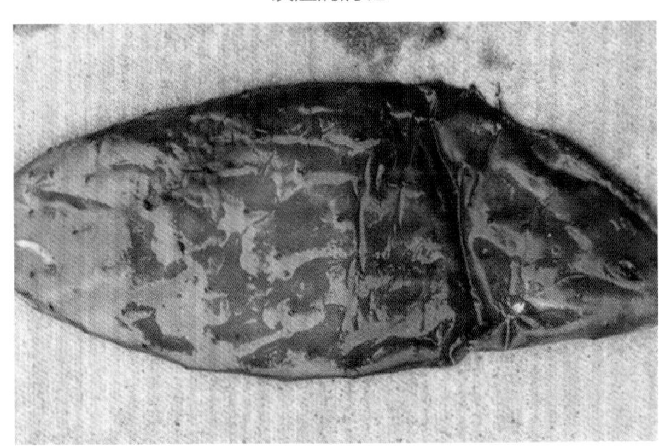

软腐病

POINT 绿植小百科

仙人掌的品种分类及应用价值有哪些？

仙人掌种类繁多，具体可以分为团扇仙人掌类、段形仙人掌类、蟹爪仙人掌、叶形森林性仙人掌类、球形仙人掌等。仙人掌性味苦寒、无毒，既可食用，也能药用，主要有清热解毒、散瘀消肿、行气活血、健胃止痛等功能。此外，仙人掌去除外皮后的厚角质层有美白肌肤的效果，刺芽果有清热解毒的作用，对治疗牛皮癣有一定的辅助效果。

科 / 菊科

属 / 千里光属

别名 / 串珠、绿铃、一串铃

翡翠珠

栽培日历

月	1月	2月	3月	4月	5月	6月	7月	8月	9月	10月	11月	12月
日照	光照充足的环境					放置在阴凉通风处			光照充足的环境			
浇水	每7~10天在晴天中午、温度较高时浇一次水		充分浇水			减少浇水			不干不浇			
施肥						按照“花宝-清水-清水-花宝-清水-清水”的顺序循环			追施液肥			
繁殖			扦插						扦插			

形态特征

翡翠珠为多年生常绿匍匐生肉质草本植物，全株被白色皮粉；纤细茎上互生肉质叶，叶深绿色，圆润饱满，呈圆球形如同佛珠；头状花序，顶生，花白色至浅褐色，花期在12月至次年1月。

栽培要求

土壤 翡翠珠喜富含有机质、疏松肥沃的沙质壤土。

水分 翡翠珠较耐旱，浇水应宁干毋湿。

温度 翡翠珠生长适温为15～25℃，越冬温度为5℃。

放置场所 翡翠珠多用小盆悬吊栽培，一粒粒圆润、肥厚的叶片，似一串串风铃在风中摇曳，极富情趣，是家庭悬吊栽培的理想花卉，可放置在书桌、餐桌、电脑桌、电视桌、窗台等地。

栽植 翡翠珠栽植盆土可用腐熟的牛粪与椰糠按4:6的比例配制而成，植株根系很浅，可浅盆栽植，然后将盆置于防雨荫蔽处进行养护管理。

翡翠珠悬吊在窗前

POINT 绿植小百科

翡翠珠的绿饰作用有哪些？

可将翡翠珠栽植于小盆中置于几案上，晶莹可爱，吊挂悬垂栽培也典雅别致，既装饰美化了室内环境，又能有效地辅助清除室内的二氧化硫、氯、乙醚、乙烯、一氧化碳、过氧化氮等有害气体。

日常管理

浇水 翡翠珠春季植株进入旺盛生长期，水分蒸发量大，应保证充足的浇水量；夏季高温季节要放置在阴凉通风处，以防温度过高造成腐烂，同时要减少浇水；秋季不干不浇；冬季每7～10天在晴天中午、温度较高时浇一次水。

施肥 翡翠珠上盆时可撒上一层充分腐熟的有机肥作为基肥；夏季肥水管理按照“花宝-清水-清水-花宝-清水-清水”的顺序循环；秋季要追施液肥；冬季不施肥。

修剪方法 如发现土表面的茎部有腐烂枯萎现象，要立即剪掉，对健康的枝条简单修剪后重新扦插。

繁殖 翡翠珠常用扦插法繁殖，先用泥炭1份、珍珠岩1份、树皮1份配制基质土，然后剪下8～10厘米的插穗，沿盆边一周斜插在基质中，用土压好，保留4～5厘米的插穗在基质外，之后将盆放置在通风透光的窗口，同时浇水保持土壤潮湿，每隔几天浇一次，15天左右即可生根。

病虫防治 翡翠珠常见的病虫害为蚜虫和螨虫，蚜虫要及时抹去或喷氧化乐果杀灭；螨虫需用三氯杀螨醇杀灭。同时要注意通风和增加叶面湿度，以减少病害感染。

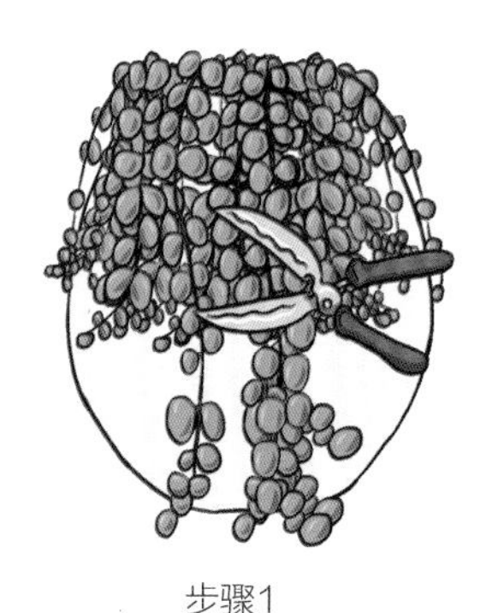

步骤1

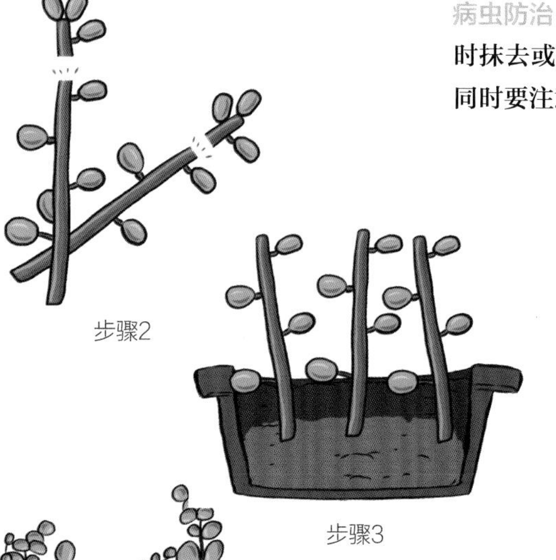

步骤2

步骤3

步骤4

蚜虫

种植步骤

1. 剪取插穗。
2. 摘去部分叶子。
3. 将插穗插入基质中。
4. 生根后移栽。

科 / 景天科

属 / 拟石莲花属

别名 / 石莲花、宝石花、石莲掌

玉蝶

栽培日历

月	1月	2月	3月	4月	5月	6月	7月	8月	9月	10月	11月	12月
日照	光照充足的环境											
浇水	保持土壤干燥		干透浇透，以土壤偏干燥为宜								保持土壤干燥	
施肥	施用1~2次液肥											
繁殖			分株、扦插						扦插			

形态特征

玉蝶为多年生肉质草本或亚灌木，植株略微矮小，短茎；叶片生于短茎顶端，肉质，呈标准的莲座状排列，叶片短匙形，顶端有小尖，叶色浅绿或蓝绿，有白粉或蜡质层；总状花序弯曲呈蝎尾状，钟形小花，赭红色，顶端黄色。

栽培要求

土壤 玉蝶喜疏松肥沃、排水良好的沙壤土，或肥沃的黏质土壤。

水分 玉蝶耐干旱，生长期以干燥为好。

温度 玉蝶喜高温环境，怕冻。

放置场所 玉蝶株形美观，很像玉石雕成的莲花，具有较强的装饰性，养护也较为容易，适合家庭盆栽观赏，可布置在几案或阳台等处。

栽植 玉蝶一般春季换盆，可选用腐叶土、园土、沙加少量干牛粪和骨粉混合成的基质，稍微喷上些水再上盆栽植。

玉蝶摆放

玉蝶盆栽

日常管理

浇水 玉蝶怕涝，浇水要干湿交替，遵循“宁干毋涝”的原则。其叶储水能力特别强，所以要少浇水，一般7～10天浇一次即可，冬季更要保持干燥。

施肥 玉蝶对肥料需求不大，全年施用1～2次液肥即可，而且要少施。

修剪方法 玉蝶一般不需要修剪，剪掉枯黄的叶子即可。

繁殖 玉蝶的分株繁殖可结合春季换盆进行，也可在生长季节剪取旁生的小莲座叶丛进行扦插，都很容易成活；或剪下健壮充实的肉质叶，晾1～2天后进行扦插，插后保持土壤稍湿润，2～3周后叶片基部可长出新芽并生根，成为新的植株。

病虫防治 玉蝶易受红蜘蛛的危害，被害茎叶出现黄褐色斑痕或枯黄脱落，虫害发生后除采取加强通风、进行降温等措施外，还可用三氯杀螨醇液喷杀。

步骤1

种植步骤

1. 选择健壮的肉质叶。
2. 晾1~2天后插入基质中。

步骤2

POINT 养花小窍门

玉蝶的生长习性是什么？

玉蝶在温暖干燥、阳光充足的条件下生长良好，耐干旱和半阴，不耐寒，忌阴湿，4～10月的生长期可放在室外阳光充足或半阴处养护，即使盛夏也不必遮光，但要求通风良好，也可常年放在室内光线明亮处。

科 / 景天科

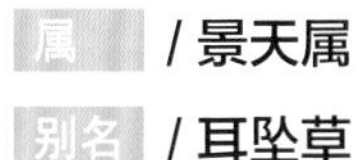
属 / 景天属

别名 / 耳坠草

虹之玉

栽培日历

月	1月	2月	3月	4月	5月	6月	7月	8月	9月	10月	11月	12月
日照	光照充足的环境					忌烈日直射				光照充足的环境		
浇水	保持土壤干燥		干透浇透，以土壤偏干燥为宜								保持土壤干燥	
施肥			每个月施肥一次									
繁殖				茎插、叶插								

形态特征

虹之玉为多年生肉质草本植物，植株直立，多分枝；肉质叶互生，绿色，呈圆筒形至卵形，叶先端平滑钝圆，叶面光滑；虹之玉主要以观叶为主，叶子在秋天的低温强光下会转为鲜红色，非常好看；花小，黄色，星形。

栽培要求

土壤 虹之玉喜深厚肥沃、排水良好的沙质壤土。

水分 虹之玉耐干旱，要少浇水。

温度 虹之玉喜温暖及昼夜温差明显的环境，在10～28℃可良好生长。

放置场所 虹之玉喜光，整个生长期应使之充分见光，最好放置在阳光充足的阳台，但夏季暴晒会造成叶片被灼伤，可适当遮光或半日晒，中午应避免烈日直射，可以用来装饰房间，是观花的良好盆景。

栽植 虹之玉一般春季换盆，可选用腐叶土、园土、沙加少量干牛粪和骨粉混合成的基质，稍微喷上些水，上盆即可栽植。

虹之玉混栽

POINT 绿植小百科

虹之玉有哪些进化品种？

虹之玉锦是虹之玉的进化品种，植物呈现美丽的粉红色，可选择在通风的地方辅以充分的光照进行种植。粉红色的植物较为少见，如果聚在一起种植会非常好看。由于虹之玉锦是向上生长的植物，容易形成怒放的姿态，这也是种植的乐趣之一。

日常管理

浇水　虹之玉浇水要遵循“干透浇透”的原则，冬季室温较低时则要减少浇水量和次数。

施肥　虹之玉较喜肥，生长期每个月施肥一次。

修剪方法　虹之玉如果长得过高，会出现叶片密集且掉落过多的现象，此时要进行修剪，以保持它原有的外观形状。一般都是对侧枝进行修剪，保留主干，如果没有徒长则不需要修剪，具体可采用“砍头”的方式，砍下来的小株可直接用于扦插。

繁殖　虹之玉可用扦插法繁殖，茎插、叶插均可。茎插可把修剪下来的枝条截成茎段，待切口处稍干后即可插入苗床中。叶插是从茎上取下完整叶片，放置3天后再进行扦插。

病虫防治　虹之玉的病害主要有叶斑病和茎腐病，叶斑病可使用内吸性杀菌剂进行防治；茎腐病发病初期可及时控水并保持良好的光照和通风，再使用多菌灵、代森锰锌、甲基托布津等杀菌剂控制和治疗。

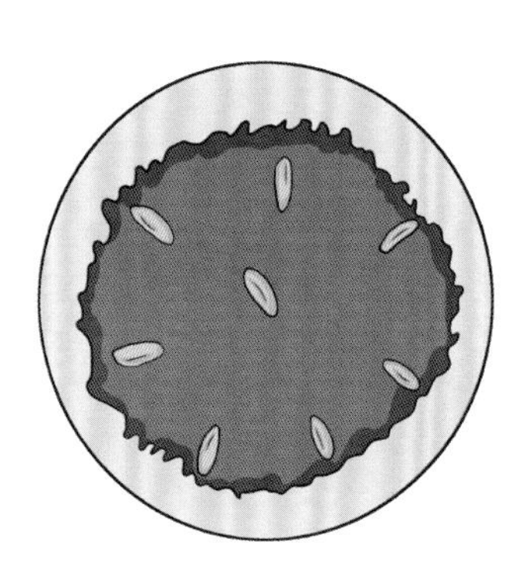

步骤1

虹之玉修剪

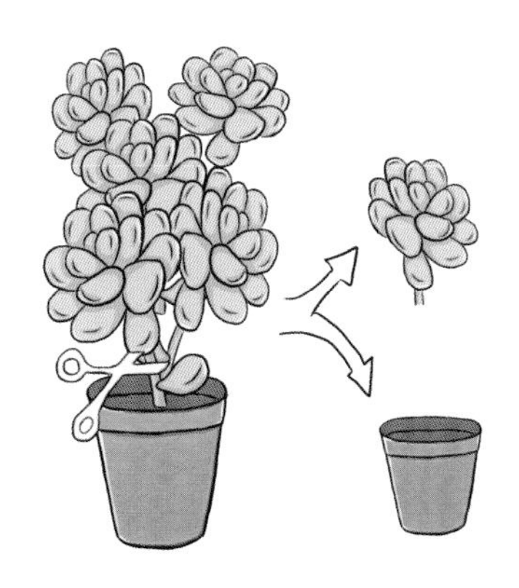

步骤2

种植步骤

1. 叶插。
2. 茎插。

科 / 百合科

属 / 十二卷属

别名 / 锦鸡尾、条纹十二卷

条纹蛇尾兰

栽培日历

月	1月	2月	3月	4月	5月	6月	7月	8月	9月	10月	11月	12月
日照	光照充足的环境											
浇水	保持盆土干燥		保持盆土偏干			控制浇水,保持土壤干燥			保持盆土偏干			
施肥			每3周施一次复合肥						每3周施一次复合肥			
繁殖					扦插							

形态特征

条纹蛇尾兰为多年生肉质草本植物，色彩对比很明显，三角状披针形的叶片，凸起的龙骨状叶背有较大的白色瘤状突起，排列成横条纹；花为白色，呈筒状至漏斗状。

栽培要求

土壤 条纹蛇尾兰喜肥沃、疏松的沙壤土。

水分 条纹蛇尾兰喜干旱，怕积水。

温度 条纹蛇尾兰喜温暖，生长适温为10~18℃，冬季最低温度不低于5℃。

放置场所 条纹蛇尾兰冬季应放在室内有明亮光线的地方养护，平时可放在客厅、卧室、餐厅等能接收到光线的地方养护，并且需要每经过一个月或一个半月，就搬到室外养护两个月。

栽植 条纹蛇尾兰盆栽时，由于根系浅，以浅栽为好，使用肥沃、排水良好的腐叶土掺粗沙作为基质。上盆后将盆栽置于荫蔽处，并控制浇水，之后再逐渐增加光照和浇水量。

条纹蛇尾兰混栽

POINT 绿植小百科

条纹蛇尾兰的观赏价值有哪些？

条纹蛇尾兰是常见的多肉植物，肥厚的叶片上镶嵌着带状白色星点，清新高雅，可配以造型美观的盆钵，用来装饰桌案、几架。而且根据其星点的大小和排列方式，还可见到点纹十二卷、无纹十二卷和斑马条纹十二卷等品种。

日常管理

浇水 条纹蛇尾兰浇水的原则是“见干见湿，干要干透，不干不浇，浇就浇透”，浇水时要避免把植株弄湿。春秋季生长旺盛期，以盆土偏干为宜；夏季为休眠期，要控制浇水；冬季以盆土干燥为宜。

施肥 条纹蛇尾兰春秋季生长旺盛期，一般每3周浇施1次复合肥。冬季休眠期，主要是做好控肥控水工作。

修剪方法 条纹蛇尾兰平时不需要特意修剪，但是当根部腐烂和叶片萎缩时，要将其从盆内托出，剪除腐烂根部和叶片萎缩部分。

繁殖 条纹蛇尾兰可用扦插法繁殖，可于春夏交接之际，从母株上选择健壮植株轻轻切下，基部要带上半木质化部分，然后插入盆土中，20～25天可生根。

病虫防治 条纹蛇尾兰易受根腐病和褐斑病的危害，可用代森锌可湿性粉剂液喷洒；虫害有粉虱和介壳虫，可用氧化乐果乳油液喷杀。

根腐病

粉虱

步骤1

步骤2

种植步骤

1. 选择健壮的植株。
2. 插入盆土中。